하브루타
일상수업

{ '남보다 뛰어나게' '남과 비슷하게'가 아닌
내 아이만의 독창성을 찾아가는
가장 효과적이고 구체적인 공부법 }

havruta

하브루타
일상수업

최고보다 '유니크'한 인재로 키우는 기적의 유대인 공부법

유현심·서상훈 지음

BM 성안북스

Foreign Copyright:
Joonwon Lee
Address: 10, Simhaksan-ro, Seopae-dong, Paju-si, Kyunggi-do,
          Korea
Telephone: 82-2-3142-4151
E-mail: jwlee@cyber.co.kr

최고보다 '유니크'한 인재로 키우는 유대인 기적의 공부법

하브루타 일상 수업

2018년 1월 15일 1판 1쇄 발행
2019년 5월 27일 1판 4쇄 발행

지은이 | 유현심 · 서상훈
발행인 | 최한숙
펴낸곳 | BM 성안북스
주 소 | 04032 서울시 마포구 양화로 127 첨단빌딩 5층(출판기획 R&D 센터)
        | 10881 경기도 파주시 문발로 112 파주출판문화산업단지(제작 및 물류)
전 화 | 02) 3142-0036
        | 031) 950-6386
팩 스 | 031) 950-6388
등 록 | 1978.9.18 제406-1978-000001호
출판사 홈페이지 | www.cyber.co.kr
이메일 문의 | heeheeda@naver.com
ISBN | 978-89-7067-333-2 (13590)
정 가 | 15,800원

이 책을 만든 사람들
본부장 | 전희경
교정 · 교열 | 윤미현
디자인 | 디박스
일러스트 | 류아영, 김태은
홍보 | 김계향, 정기현
마케팅 | 구본철, 차정욱, 나진호, 이동후, 강호묵
제작 | 김유석

■ 도서 A/S 안내

성안북스에서 발행하는 모든 도서는 저자와 출판사, 그리고 독자가 함께 만들어 나갑니다.
좋은 책을 펴내기 위해 많은 노력을 기울이고 있습니다. 혹시라도 내용상의 오류나 오탈자 등이 발견되면 **"좋은 책은 나라의 보배"**
로서 우리 모두가 함께 만들어 간다는 마음으로 연락주시기 바랍니다. 수정 보완하여 더 나은 책이 되도록 최선을 다하겠습니다.

성안북스는 늘 독자 여러분들의 소중한 의견을 기다리고 있습니다. 좋은 의견을 보내주시는 분께는 성안당 쇼핑몰의 포인트
(3,000포인트)를 적립해 드립니다.

잘못 만들어진 책이나 부록 등이 파손된 경우에는 교환해 드립니다.

※ 이 책에 실린 시와 노래 가사는 '한국문예학술저작권협회'와 '한국음악저작권협회', 작가와의 연락을 통해 저작권자의 동의를 얻었습니다.
   KOMCA 승인필

하브루타는
독서토론 문화를 위한
신의 한 수다!

《진북 하브루타 독서토론》의 유현심 대표와 서상훈 이사를 만난 것은 행운이었다. 필자가 두 분을 만나게 된 것은 하브루타 덕분이었다. 오랫동안 유대인 교육, 그 중에서도 탈무드와 하브루타에 대해 깊이 연구하고 있는 사람으로서 독서에 하브루타를 접목하고 있는 두 분을 지켜보면서 한국 독서문화의 밝은 미래를 가늠할 수 있어 좋았다.

두 분은 30년 이상 독서토론을 즐겨온 필자도 감탄할 만큼 독서토론에 대해 깊은 이해와 지식 그리고 경험과 통찰력을 갖춘 베테랑들이다. 그동안 《진북》에서 수많은 독서토론 관련 책을 출판해 왔는데, 이번에는 일상의 다매체 콘텐츠를 '하브루타' 독서토론으로 접목하는 다양하고 구체적인 내용을 담은 책을 내놓아 깜짝 놀랐다. 그 심도와 다양성 면에서 역시 베테랑다운 면모를 엿볼 수 있었다.

독서의 중요성이 희미해져 가는 작금의 현실에서, 사람들은 점점 책에서 멀어져가고 있다. 얄팍한 디지털 지식에 노출된 사람들은 깊은 생각을 하기 어려워한다. 게다가 깊이 있는 토론을 통해 아이디어를 나누는 것은 더욱 힘들어한다. 독서와 토론은 깊이와 넓이를 확장한다는 면에서 같은 가치를 공유하고 있다. 그 구체적인 방법으로 하브루타를 도입하는 것은 절묘한 신의 한 수라고 할 수 있다.

사람의 뇌와 가슴을 충만하게 채우는 것은 책만한 게 없고, 그것을 삶의 자양분으로 삼는 것은 토론만한 것이 없다. 하브루타는 질문을 그 핵심으로 한다. 이 책에서도 다양한 하브루타 적용 사례와 활동을 소개하고 있지만 공통적으로 학습자의 질문을 기반으로 한다는 면에서 고무적이다. 유대인들의 격언에 이런 말이 있다.

'책만 읽으면 낙타 등에 책을 쌓아놓는 것과 같다. 인간은 책을 통해 가르침을 받는 게 아니라 질문을 얻는 것이다.'

이 책이 언제 어디서나 적극적으로 활용된다면 대한민국에서 새로운 독서문화를 꽃피울 수 있지 않을까 기대한다.

— 김정완 하브루타교육협회 이사, (주)탈무드랜드 공동 대표

목차

추천사	하브루타는 독서토론 문화를 위한 신의 한 수다!	007
프롤로그 1	하브루타로 우리 아이들의 뇌를 깨우자	016
프롤로그 2	하브루타를 실천하는 부모들의 이야기	020

| PART 1 |

유대인 부모들의 기적의 교육법 따라잡기

029

오늘부터 내 아이와 '하브루타'로 소통하기

01 · 세계에서 가장 영향력 있는 유대인의 비밀, 하브루타	030
02 · 유대인은 하브루타, 우리는 《한국형 진북 하브루타》가 있다	035
03 · 아이의 뇌를 깨우는 최고의 비결	039
낭독은 선택이 아닌 필수	040
독서토론을 해야 하는 이유	046

04 · '질문'은 하브루타의 핵심　049

　　부모가 어떤 질문을 하느냐에 따라 달라지는 아이들의 미래　050

　　하브루타식 질문의 힘　052

05 · 아이의 마음 문을 여는 하브루타　059

　　아이의 마음 문을 여는 열쇠　060

06 · 하브루타로 아이와 대화하며 소통하는 방법　063

　　아이의 말을 존중하고 경청하라　065

07 · 자녀와의 갈등을 해결하는 '실천 하브루타' 방법　068

| PART 2 |

부모와 아이 사이, 신뢰와 친밀감 높이기 　073

아이를 웃게 만드는 재미있는 몸풀기 놀이와 게임

01 · 집중력이 향상되는 **팔 꽜다펴기**(개인 활동)　075

02 · 감정 교류에 좋은 **주먹탑 쌓기**(짝 활동)　077

03 · 감정 교류에 좋은 **함께 콕콕콕**(그룹 활동)　079

04 · 에너지를 불어 넣는 **8박자 박수**(개인, 짝, 그룹 활동)　081

05 · 두뇌를 활성시키는 **3분 스트레칭**(개인 활동)　083

06 · 의욕 호르몬을 높이는 **히어로(영웅) 자세**(개인 활동)   086

07 · 뇌를 자극하는 **발구르며 박장대소**(개인 활동)   088

| PART 3 |

게임과 놀이로 즐겁게 시작하는

~~~~~~ 091

일상 하브루타

01 · 부모가 꼭 알아야 할 하브루타 기본 원칙   092

02 · 하브루타를 놀이처럼   096

03 · 초등생 아이들이 즐거워하는 '**게임 하브루타**'   102

     계속하자고 조르는 **끝말잇기**   102

     상상력을 키우는 이야기 만들기 **육하원칙 하브루타**   104

     호기심 높이는 **스토리 큐브**로 이야기 만들기   106

     즐겁게 집중하는 **와우 퍼즐**로 문제해결 하기   108

     웃음꽃이 피어나는 **넌센스 퀴즈**   110

     재미있는 추측 게임 **수수께끼**   113

     동심의 세계 **순수의 시대**   115

04 · 수준을 조금 높인 '**질문 놀이 하브루타**'   117

     까만 놀이('까'를 만드는 질문 놀이)   117

꼬꼬질 놀이(꼬리에 꼬리를 잇는 질문 놀이)   119

질카 놀이(까만 놀이 + 꼬꼬질 놀이)   121

05 · 일상 하브루타를 실천하는 4가지 방법   126

일상의 모든 순간에 활용하는《경험 · 질문 · 설명 · 실천 하브루타》   126

경험 하브루타 사례 — 외식   129

질문 하브루타 사례 — 쇼핑   131

설명 하브루타 사례 — 여행   133

실천 하브루타 사례 — 다툼   136

| PART 4 |

일상의 다매체 콘텐츠를 활용하는 기적의 공부법

일상 하브루타 수업

143

0교시 · 다매체 × 하브루타 = 기적의 공부법   144

1교시 · 감성을 자극하는 **영상 하브루타 수업**   148

1 |《두 마리의 늑대 개》   149

2 |《줄무늬 파자마를 입은 소년》   155

3 |《나는 아버지입니다》   162

4 | 《야생으로 돌아간 아기사자 크리스티앙의 재회》   168

5 | 《어느 소방관의 기도》   173

* 하브루타 하기 좋은 영상 모음   177

2교시 · 스토리텔링이 가득한 **탈무드 하브루타 수업**   181

1 | 《머리와 꼬리》   182

2 | 《훗날을 위한 나무 심기》   188

3 | 《되찾은 돈 주머니》   192

4 | 《당나귀와 다이아몬드》   197

5 | 《다이아몬드를 안 판 아들》   202

* 하브루타 하기 좋은 탈무드 모음   206

3교시 · 지적 호기심을 자극하는 **그림 하브루타 수업**   210

1 | 《엄마와 아이》 에밀 무니에르   211

2 | 《피아노를 치는 소녀들》 오귀스트 르누아르   216

3 | 《점심》 클로드 모네   220

4 | 《선상 화실에서 그림을 그리는 모네》 에두아르 마네   225

5 | 《라 그랑드 자트 섬의 일요일 오후》 조르주 쇠라   229

* 하브루타 하기 좋은 그림 모음   232

4교시 · 은유적 표현과 언어의 유희를 배우는 **시 하브루타 수업**　234

　1 |《풀꽃》나태주　235

　2 |《그 꽃》고은　240

　3 |《너에게 묻는다》안도현　245

　4 |《돌멩이》채들　250

　5 |《돌담에 속삭이는 햇발》김영랑　255

　* **하브루타 하기 좋은 시 모음**　260

5교시 · 말의 효과를 높이는 **노래 하브루타 수업**　261

　1 |《노을》　262

　2 |《어느 산골 소년의 사랑이야기》　266

　3 |《향수》　271

　4 |《어디서 무엇이 되어 다시 만나랴》　277

　5 |《바다에 누워》　283

　* **하브루타 하기 좋은 노래 모음**　287

| PART 5 |

하브루타의 꽃   289
독서토론 하브루타 수업

0교시 · 7키워드 하브루타×1:1 찬반 하브루타＝진북 하브루타 독서토론   290

1교시 · 진로를 위한 독서토론 하브루타   296

   | 사례 | 《**나비박사 석주명**》 시나리오

2교시 · 인성을 위한 독서토론 하브루타   304

   | 사례 | 《**가난한 사람들**》 시나리오

3교시 · 교과와 연계한 독서토론 하브루타   312

   | 사례 | 《**사람에게는 얼마나 많은 땅이 필요한가**》 시나리오

4교시 · 동아리 활동 독서토론 하브루타   319

   | 사례 | 《**전설의 춤꾼 최승희**》 시나리오

5교시 · 창의인성을 위한 독서토론 하브루타   324

   | 사례 | 그림동화책 《**치킨 마스크**》 시나리오

| 마치면서 | 오늘부터 하브루타!   329

하브루타로
우리 아이들의 뇌를 깨우자

2013년 KBS에서 방영한 5부작 다큐멘터리 '공부하는 인간(호모 아카데미쿠스)'으로 촉발된 하브루타(havruta)에 대한 교육계의 관심은 작은 나비의 날개짓이 커다란 돌풍을 만드는 것처럼 붐을 일으키고 있다. 협회를 중심으로 전국에 지부가 생겼고, 교육청과 지자체에서 앞다투어 도입했으며, 교사를 중심으로 자발적인 수업 연구회가 결성되었고, 다양한 콘텐츠의 책이 쏟아지는 등 하브루타 열풍을 곳곳에서 느낄 수 있다.

하브루타(havruta)란 이스라엘의 인사말인 '샬롬 하베르(안녕 친구)'에서 유래된 말로써, 공부할 때 짝(파트너)을 이루는 것을 말한다. 즉, 짝을 지어 질문하고, 대화하고, 토론을 통해 배우는 유대인들의 공부법을 의미한다. 좀더 쉽게 풀이하면 얘기하면서 공부하는 방법, 즉 '말하는 공부법'이라고 할 수 있다.

21세기 대한민국에서 '하브루타' 열풍이 불고 있는 이유는 여러 가지다. 첫째, 노벨상 수상자의 30%로 상징되는 유대인들의 글로벌 파워가 사람들의 이목을 집중시키고 있기 때문이다. 둘째, '주입식, 암기식, 수동적, 획일화'로 대표되는 한국의 교육을 '토론식, 참여식, 능동적, 개별화'로 바꾸기 위한 방법으로 주목받고 있기 때문이다. 셋째, 4차 산업혁명을 통한 21세기 지식정보 창조사회의 인재가 갖추어야 할 창의적 문제 해결력과 새로운 가치 창출 능력, 협업 능력, 인성 등을 키우는 데에 가장 적합한 교육 방식이라는 것에 많은 사람들이 공감하고 있기 때문이다.

이런 이유들 때문에 '하브루타'의 인기는 고공행진을 계속하고 있다. 오랜 시간 독서와 토론, 인성, 공부법 분야에 대한 강의 및 전문가로 활동하고 있는 입장에서 보면 최근 들어 교육 현장에 있는 교사, 교육 관련업계 종사자, 학부모 등의 기대가 커지면서 요청사항이 많아지고 있다. 처음에는 이론 중심의 동기부여 강의가 주를 이루었고, 다음으로 다양한 사례를 실습해보는 워크숍이 많았으며, 최근에는 일상에서 다매체, 독서, 진로, 인성 등 주제별로 하브루타를 어떻게 적용할 수 있는지에 대한 자세한 방법을 알고 싶다는 요청이 늘어나고 있다.

이런 교육 현장의 분위기를 반영해 강원도 춘천교육청에서는 지역 학부모지원센터, 학교도서관지원센터와 연계해 '하브루타 학부모 연수'를 기획했다. 연수의 목표는 2015 개정 교육과정에 따라 부모와 자녀가 함께 질문과 대화를 통해 소통하면서 아이들의 창의적, 비판적 사고력을 개발하는 방법을 제시하는 것이었다. 연수를 기획한 교육청 담당자는 부모와 자녀의 행복한 소통을 통해 건강한 가족문화를 만들고, 밥상머리 교육을 실천하길 바란다고 했다. 춘천에서 시작된 하브루타 학부모 연수는 홍천과 철원, 화천, 인제, 양구 등 인근의 교육지원청에서도 순차적으로 열렸다.

이후 강릉교육청, 전라남도 진도교육청, 경기도 성남교육청, 대전 서부교육청 등의 교사연수, 하남 진로체험센터에서 열린 진로 전문 강사 연수, 경기 도립중앙도서관 주최 사서 교사 대상 연수 등을 계속적으로 진행했으며, 지속적인 강의 요청과 문의가 쇄도하고 있다. 연수에는 지역의 초중고 학부모 외에 기초학습지원단과 학생상담자원봉사자, 초등돌봄교실 돌봄전담사 등도 맞춤형 학습지도 및 상담 전문성 강화 등 역량 강화를 위해 참여할 수 있도록 배려했다.

연수에 참여한 학부모와 교육 관계자들의 반응은 폭발적이었고, 소감 나누기를 할 때는 찬사가 이어졌다.

"다양한 하브루타를 통해 생각을 확장시킬 수 있는 방법을 배울 수 있는 소중한 시간이었습니다. 하브루타를 어렵게만 생각했었는데, 아이가 관심 있는 주제나 좋아하는 대상으로 하브루타를 시작하면 된다는 깨달음을 얻게 되었습니다. 아이에게 '다했니?'가 아니라 '어떻게 되어가고 있니?'라고 말할 수 있을 것 같습니다. 하브루타를 책으로만 접했을 때는 추상적이고 명확하지 않았는데, 연수를 통해 구체적이고 명확해져서 뿌듯합니다. 지금까지 참여했던 학부모 연수중에서 가장 재미있고 즐거웠습니다."

"그 동안 질문이 많은 아이를 귀찮아했었는데, 아이가 제게 하브루타를 하고 있었다는 사실을 새삼 깨닫게 되었습니다. 강사님이 학부모들의 의견을 끝까지 주의 깊게 경청하는 모습을 보면서 저도 집에서 아이의 말을 경청해야겠다고 생각했습니다. 모임이나 동아리를 만들어서 하브루타를 지속적으로 실천해야겠다는 생각을 하게 되었습니다. 아이와 함께 참여할 수 있는 하브루타 가족 캠프가 하루 빨리 열리길 바랍니다. 학교나 도서관, 공공기관 등의 수업이나 상담 시에 배운 내용을 활용할 수 있도록 강의코칭 역량을 키울 수 있는 심화 자격과정이 열리면 좋겠습니다. 그 동안 잠자고 있던 우리 아이의 뇌를 확실하게 깨울 수 있는 비결을 알게 되어 기쁩니다."

이 책에는 그동안 교육 현장에서 진행했던 커리큘럼을 포함해 시간과 여건상 교육 내용에 담지 못했던 구체적인 방법과 사례를 담고자 노력했다. 처음에는 '아이들의 교육에 도움이 되겠지'라는 생각으로 참여했던 학부모와 교사들이 사고력과 표현력이 향상됨을 직접 체험하면서 자신에게 더 많은 도움이 되었다는 데 공감했다. 하브루타의 효과를 몸으로 체험한 학부모와 교사들을 통해 우리 아이들에게도 긍정적인 영향을 미칠 것이라고 기대한다.

모쪼록 이 책이 가정과 학교에서 아이와 함께 하브루타를 하면서 행복한 시간을 보내고 싶어 하는 부모와 교사들에게 하브루타를 구체적으로 실천할 수 있는 지침서로서 작은 선물이 되길 바란다.

하브루타를 실천하는
부모들의 이야기

'나비효과'의 중심에 서고 싶다 - 박현숙 엄마

토론 수업이라고 해서 하브루타에 대한 사전지식 없이 수업을 듣게 되었다. 첫 시간에 하부르타가 무엇인지와 그 강좌내용의 설명을 듣고 설레기 시작했다. 새로운 사고 방식과 아이와의 대화 방식이 나에게 자극을 주었다.

수업 첫 날 이후 아이와 대화할 때 뿐 아니라, 일상생활에서 하브루타를 적용해 보려고 노력했다. 질문을 할 때에도 '어떤 질문이 좋은 질문일까'를 생각하게 되었다. 아이에게 질문 한 가지를 하더라도 답변이 몇 개가 될지 생각해본 후 질문을 했다.

하지만, 나의 노력과는 별개로 기존의 교육방식에 익숙한 아이들에게는 계속되는 질문은 짜증스러울 뿐이다. 한 두 번의 질문에는 그나마 단답형으로라도 대답하지만 질문이 계속되면 "몰라", "왜 그러는데?" 등의 더 이상 대화가 불가능한 답변만을 했다. 이미 단답식에 길들여져 있는 아이들에겐 당연한 일이었다. 아이의 무성의한 답변은 나를 점차 의기소침하고 무기력하게 만들뿐이었다. 수업시간이 되어 강사님께 이런 고충을 이야기 하면 적절한 답변과 다음 행동에 대해 설명해 주신다. 그렇게 해서 다시 아이에게 그 방법을 적용해 보기도 한다.

어느 날 초등 2학년인 딸아이가 5학년 오빠가 놀린다며 이 문제를 해결하기 위해 토론을 했으면 좋겠다고 의견을 제시했다. 토론을 하자고 의견제시를 했다는 변화에 놀랍기도 하고 기쁘기도 하였다. 노력한다고 해도 단기간에 이루어 질 수 있는 부분이 아닐 것이다. 아이를 수용하고 그 단계를 뛰어넘어 자유로운 토론식 대화가 될 때까지 계속 노력해야겠다는 다짐도 해본다.

선생님이 꿈이었던 나는 하브루타 수업이 발판이 될 수 있겠다는 생각이 들었다. 주입식 공부보다 토론 방식의 공부가 얼마나 재미있고 자기를 성장시킬 수 있는지 알려주고 싶다. '나비효과'라는 말이 있다. '어떤 일이 시작될 때 있었던 아주 작은 변화가 결과에서는 매우 큰 차이를 만들 수 있다'는 이론이다. 하브루타식 수업에 대한 나의 생각과 행동이 작은 날개 짓이 되어 많은 아이들이 알게 되길 바라고, 그러다보면 엄마, 아빠와의 대화도 즐겁고 나아가 공부도 즐기면서 하게 되지 않을까 기대해 본다.

유쌤의 한마디

나비효과는 이미 시작된 것 같네요. 말씀하신대로 아이들이 갈등상황에서 먼저 회의를 제안했다는 것이 나비효과일 수 있겠지요? 그 동안의 교육 방식과 달리 자꾸 질문하는 엄마에게 짜증을 표현하는 건 어찌 보면 당연한 모습일 것입니다. 여러 번 강조했듯이 꾸준히 아이를 존중해주면서 아이가 하는 말이나 감정을 수용하는 태도를 보이신다면 엄마와 하는 하브루타를 즐기게 될 날이 올 거라 믿습니다. 머잖아 '나비효과의 중심'에 서있게 되시길 바랍니다.

하브루타를 게임처럼 재미있게 - 태유현 엄마

3학년(10살) 딸 아이와 먼저 하브루타를 하기 전에 하브루타에 관해서 짧게 설명을 해주었다. 자기는 토론하고 질문하고 발표하는 거 너무 좋아한다고 엄마가 듣는 수업이 너무 재미있겠단다. 딸아이와 '까만놀이', '꼬꼬질(꼬리에 꼬리를 잇는 질문놀이), 이야기 만들기, 수수께끼 하브루타까지 해보았다.

아이는 질문 예시를 하나만 던져줘도 술술 나왔다. 간혹 엉뚱한 소리도 하지만 상대방의 의견을 묻는 질문에는 정확한 답이 없다는 걸 배웠기에 어떤 이야기를 해도 웃으며 "그렇게 생각했구나~"라고 말할 수 있었다.

자기가 듣는 논술 수업하고 바꿔 듣자고 하는 아이. '너를 위해 열심히 듣고 와서 많이 알려주고 같이 하브루타 할게'하고 다짐하지만 아직 엄마가 내공이 부족하여 너에게 욱하는 마음이 먼저 나오는구나. 그것 또한 열심히 공부하면서 달라져 보도록 할게.

유쌤의 한마디

방학을 맞아 엄마 수업에 따라왔던 아이와 잠깐 하브루타를 해봤어요. 어찌나 눈을 똘망똘망거리며 이야기를 잘하던지 놀랐답니다. 엄마, 아빠와 하브루타 많이 하면서 잠재된 아이의 재능을 많이 끌어내 주세요.

놀이의 재발견 – 오위선 엄마

하브루타 교육을 들으며 평상시에 아들과 함께 하던 '끝말잇기 게임'과 '넌센스 퀴즈'도 모두 하브루타 교육이라는 말을 듣고 놀랐다. 내가 인지하지 못하고 있다 보니 말도 안 되는 터무니 없는 넌센스 퀴즈를 낸다며 핀잔을 주곤 했는데…. 더 적극적으로 대화하지 못한 부분에 대해서 반성을 많이 하였다.

'아는 만큼 보인다'고 했던가? 교육을 듣고 다시 게임을 해보니 우리 아이의 독창적이고 반짝이는 아이디어에 박수를 보낼 수 있게 되었다. 나도 이제는 고정관념의 틀에서 벗어나 우리 아이의 말에 더 호응해 주며 즐겁게 하브루타 놀이를 할 수 있을 것 같다.

유쌤의 한마디

생활 속 모든 장면이 배움의 순간이 될 수 있지요. 쉽고 재미있게 하브루타를 시작하셨으니 점차 하나씩 더 적용해 보시기 바랍니다. 무엇보다 쓸데없다며 핀잔하셨던 아이의 모습에서 독창적이고 반짝이는 아이디어 보물을 발견하셨으니 크게 축하드려야 겠어요.

게임식 하브루타 응용 사례 – 한선례 엄마

아이들과 속담 관련 책을 보다가 까만 놀이를 해 보았습니다. '가는 말이 고와야 오는 말이 곱다'를 예로 선택했습니다.

우리 이걸 질문으로 바꾸어 볼까?

가는 말이 고와야 오는 말이 고울까? 이렇게?

맞아. 그럼 가는 말은 뭘까?

자신이 하는 말, 행동이겠지.

그럼 오는 말은?

상대방이 하는 말.

그럼 이 속담은 어떤 의미를 품고 있을까?

내가 상대방에게 좋은 말, 행동을 해야지 상대방도 나한테 잘한다. 그런 뜻 아닌가?

그래. 맞아. 이런 경험 있니?

응. 친구가 팔을 다쳐서 청소를 잘 못해서 내가 대신 해주었는데 며칠 후에 그 친구가 나를 도와주었어.

그때 기분이 어땠어?

좋았지.

그랬구나. 혹시 이거랑 비슷한 의미를 가지고 있는 속담 알아?

응. 가는 떡이 커야 오는 떡도 크다.

맞아. 잘 알고 있네. 그럼 말의 중요성을 나타내는 속담은 또 뭐가 있을까?

'말 한마디로 천냥 빚을 갚는다'도 있지.

그래, 맞아. 우리 아들 잘 알고 있네.

엄마 근데 요즘 학교에서 친구들이 욕 많이 쓴다. 씨~, 바보 등등 그래? 욕이 나쁜 줄 알면서 왜 자꾸 쓸까?

좀 쎄 보일려구 그러나?

그럴 수도 있겠네. 친구들이 욕할 때 어떤 기분이 드니?

기분이 별로 안 좋지. 어떨 땐 상처도 받고.

그랬구나. 어른들이 왜 욕을 쓰지 말라고 하는 것 같아?

친구들에게 상처주지 말라고.

그래 맞아. 자꾸 나쁜 말, 욕을 하다보면 나도 모르게 거칠어지고 다른 사람에게도 상처를 많이 주게 되지. 그러니까 욕을 쓰지 말아야 한단다. 그럼 네가 속담 같은 거 한 번 만들어 볼래?

나쁜 말을 쓰지 말아야 오는 말이 좋다. 가는 행동이 좋아야 오는 행동이 좋다.

정말 잘했어. 이솝우화 중에 여우와 두루미라고 있는데 혹시 이 얘기 아니?

응. 알아.

그런데 여우는 왜 두루미가 먹기 힘든 접시에 음식을 주었을까?

여우가 일부러 그런 건 아니고 집에 넓은 접시만 있고, 긴 병은 없어서 그랬을 것 같아.

그럼 두루미는?

기분 나빠서 복수하려고 그랬겠지.

아, 그렇게 생각할 수도 있겠구나. 여우가 두루미를 골탕 먹이려고 일부러 그런 건 아니지만 두루미를 배려하진 못한 것 같아. 그래서 두루미도 마음이 상한 것 같고. 혹시 너도 이런 경험 있니?

많지. 특히 형이랑.

한 가지 얘기해줄 수 있어?

예전에 형이 유희왕 카드 바꾸자고 해서 바꿨는데, 형이 그걸 다시 가져가버렸어. 나도 그 카드가 좋은데 이젠 내꺼니까 달라고 하니까 안 주는거야. 그래서 왜 안 주냐고 하니까 너도 지난 번에 그랬잖아? 그러는 거야. 생각해 보니깐 나도 포켓몬 카드 가지고 그랬었거든.

그랬구나. 그래서 어떻게 했어?

난 그 유희왕 카드가 꼭 갖고 싶은데, 형이 그렇게 얘기하니깐 할 말이 없잖아. 나도 잘못한 게 있으니깐. 형이랑 계속 얘기했는데 잘 안 되더라구. 그래서 결국 카드는 바꾸지 않고 다 원래의 카드 주인이 갖는 걸로 했어. 좀 아쉽긴 했지만 어쩔 수 없지.

그럼 앞으로 이런 일이 또 생기면 어떻게 할래?

서로 잘못을 인정한 다음 결과에 승복해야지. 그리고 서로 나중에 기분 나쁘다고 복수하지 않기. 그러고 보니까 내가 먼저 잘못해서 형도 나한테 그런 거니깐 앞으로 서로 상처 받지 않게 좋은 말도 많이 해야겠네.

속담 하나 가지고 생각보다 긴 시간을 얘기했습니다. 하브루타를 해봐야겠다고 작정하고 시작했는데 생각보다 아이가 부담갖지 않고 잘 따라온 거 같아 뿌듯합니다.

정말 잘하셨네요. 짧은 속담 하나로 이렇게 훌륭한 하브루타를 하시다니 놀랍습니다. 까만놀이로 시작해서 꼬꼬질 놀이로 이어지고 적용, 실천 하브루타까지 하시는 걸 보니 생활 속에서 하브루타 실천이 정말 잘 이루어지실 것 같습니다.

아이와 함께 한 게임식 하브루타 사례 – 김효은 엄마

아이들과 함께 까만 놀이(까를 만드는 놀이, 본문 p117에 자세히 소개), 끝말잇기 놀이, 이야기 만들기 등을 해보았다.

1) 까만 놀이 : 아이와 함께 '비행기는 하늘을 난다'란 문장으로 까만 놀이를 했다. 다음과 같이 많은 질문이 나왔다.

- 비행기는 하늘을 어떻게 날까?
- 비행기는 얼마나 높이 날까?
- 비행기는 얼마나 많은 나라에 날아갈까?
- 비행기는 얼마나 멀리 갈 수 있을까?
- 비행기 기종은 몇 종류나 될까?
- 비행기는 얼마나 다양한 색깔을 가지고 있을까?

2) 끝말잇기 놀이 : 다양한 단어들로 끝말잇기 놀이를 하였다.

3) 이야기 만들기 : '동물들끼리 여행을 간다'

- 어떤 동물들이 여행을 갈까? (호랑이, 사자, 펭귄, 원숭이)

- 언제 여행을 갈까? (6월 6일)

- 어디로 여행을 갈까? (괌)

- 무엇을 먹을까? (스테이크, 빵)

- 여행가서 어떻게 했을까? (수영장에서 미끄럼틀 타고 수영하고 놀았다)

- 여행을 왜 갔을까? (재밌으려고)

유쌤의 한마디

정말 멋지게 잘 하셨네요. 처음 하브루타를 접할 때는 이렇게 놀이 하듯이 재미있게 시작 하시면 됩니다. 아이가 '엄마랑 이야기 나누기를 하니 재미있구나. 또 하고 싶다.' 하는 마음이 생긴다면 성공!

Part1

유대인 부모들의 기적의 교육법 따라잡기

오늘부터 내 아이와
'하브루타'로 소통하기

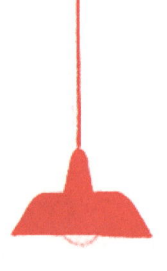

세계에서 가장 영향력 있는 유대인의 비밀,

하브루타

유대인들은 출애굽 이후 수 천년동안 광활한 대지를 쫓겨 떠돌아다니게 된 그들의 비극적인 역사에도 불구하고 노벨상의 약 30%(2013년에는 노벨상 수상자 12명 중 6명이 유대인), 하버드 재학생의 약 30%를 차지하고 있을 뿐 아니라 전 세계 정치, 경제, 사회, 문화의 모든 부분에서 막강한 영향력을 행사하고 있다. 세계 0.25%의 인구, 평균지능 세계 45위 정도로 알려진 그들이 어떻게 세계적 리더를 수없이 배출하고, 세계적인 부호와 미국의 파워 피플 순위에서 상위권을 휩쓸며, 세계 100대 기업의 창업주를 가장 많이 배출할 수 있을까? 이러한 유대인의 탁월한 성과는 갈수록 사람들에게 큰 관심을 받고 있다.

유대인과 한국인의 글로벌 파워를 비교해보면 차이가 확연히 드러난다. 인구는 유대인이 약 1,500만명, 한국인이 5,000만명 정도로 우리의 1/3 정도밖에 되지 않는데, 노벨상 수상자는 유대인이 200명 이상, 한국인은 1명에 불과하고, 세계 500대 기업의 경영진 중에 유대인은 42%, 한국인은 0.3%를 차지하며, 미국 나스닥 상장기업의 창업자도 유대인은 약 30%, 한국인은 4% 정도에 불과하다. 이런 큰 차이가 생기는 이유는 무엇일까? 여러 가지 이유가 있겠지만 '인재를 육성하는 방법'의 차이가 가장 큰 영향을 주고 있는 것으로 보인다.

유대인들의 인재육성 방법의 특징 중에서 중요한 점 세 가지를 꼽아보면 다음과 같다. 첫 번째 특징은 13세 때 결혼식처럼 진행하는 유대인의 성인식 '바르 미쯔마(아들 + 율법 = 율법의 아들이 되었다)'를 들 수 있다. 유대인들은 이 독특한 성인식을 통해 박해받고 고난받았던 유대인의 정체성을 자녀들에게 다시금 일깨워 주고, 지금까지 부모의 인도로 하나님을 만나왔던 자녀들이 직접 인격적으로 하나님을 만나게 된다. 유대인은 한 곳에 정착하면 유대인의 예배당인 '시나고그'를 건립하는데, 시나고그는 유대인 성인남자 10명이 모여야 건립할 수 있다. 숱한 박해 속에 성인 남성이 부족했던 유대인들은 성년 남자로 인정하는 나이를 13세까지 낮추게 되었고, 결핍으로 시작된 13세 성인식은 역설적으로 그들이 경제적으로 큰 부를 축적할 수 있는 계기가 되었다. 의식은 축복문 낭송(토라), 설교(드라샤), 테필린 수여(랍비), 축하파티 등의 순서로 진행된다. 성인식이 끝난 후에는 시간을 소중히 여기라는 의미로 시계와 여행, 종자돈을 선물로 받는다.

두 번째 특징은 히브리어로 '철면피(뻔뻔스러움)'를 뜻하는 '후츠파 정신'

이다. 후츠파 정신은 어디에서나 당당하게 자신의 생각을 밀고 나가는 유대인의 정신을 담고 있으며, 하나님의 자녀로서 자신의 위치를 자각하고 자신의 생각을 다른 사람들과의 관계 속에 발전시키며, 유대인으로서의 정체성에 자부심을 갖도록 한다.

세 번째 특징은 둘씩 짝을 지어 질문하고 대화하며 토론을 통해 배우는 유대인의 공부법인 '하브루타'다. 하브루타는 탈무드의 내용을 심오하게 이해하기 위한 교육방법으로써 서로 가르치고 서로 배우는 교학상장(敎學相長)의 효과가 있으며, 인성과 창의성을 개발시켜주는 토론 학습법이기도 하다. 하브루타 역시 결핍에서 시작되었다. 유대인은 오랜 세월 전 세계를 떠돌아다니면서 핍박을 받아왔는데 재물과는 달리 머릿속에 들어있는 지식은 누구도 빼앗아 갈 수 없는 것이었기에 배움에 최선을 다했다. 또한 유대인에게 배움이란 하나님의 뜻을 받아들이고 찬미하는 일로 여겨진다. 배움을 신앙 자체로 여기는 유대인들에게 남녀노소 할 것 없이 배움은 생활 그 자체인 것이다. 짝과 함께 배우는 하브루타는 떠돌이 생활 속에서 따로 가르침을 받을 선생님을 구하기 힘들었기 때문에 서로 가르치는 방법을 택하게 된 것이다. 13세 성인식처럼 결핍에서 시작된 하브루타가 학습효율성 면에서 우리가 하고 있는 강의식 수업보다 18배의 효과를 가져오게 된 것이다.

'주입식 암기식'으로 상징되는 한국인의 교육과 '하브루타'로 상징되는 유대인의 교육을 비교하면 차이가 더욱 확연히 드러난다. 한국인의 교육은 아직도 공급자인 선생님이 중심이 되어 일방적인 강의로 이루어진다. 남다른 집중력을 가진 아이라면 몰라도 조용히 앉아 듣는 둥 마는 둥하고 있거나 졸고 앉아 있기 일쑤다. 기타 몇 가지 특징을 살펴보면 도서관에서도 조용히 혼자 공부하기, 선생님의 질문에 대답하기 위해서만 '저요, 저요'라며 말하고, 학교갔다 돌아오면 '선생님 말씀 잘 들었니?'라고 묻고, 부모들은 자녀가 남보다 뛰어난 아이가 되길 바란다.

유대인의 교육은 학생들이 중심이 되어 주제에 대해 미리 조사하고 교실에 와서 서로 토론하며 더 깊은 내용을 알아가는 수요자 중심의 교육으로 설명할 수 있으며, 시끄러운 교실, 쌍방 소통, 예시바에서 짝지어 공부하기, 질문을 하기 위한 '저요, 저요', 학교 갔다 돌아오면 '선생님에게 무슨 질문을 했니?'라고 묻고, 부모들은 자신의 자녀가 남과 다른 아이로 성장하기를 바란다.

『자녀교육혁명 하브루타』의 저자 전성수 교수는 질문과 토론이 가정을 살린다고 강조하면서 다음과 같이 말한다.

"하브루타의 기본 원리는 다음과 같다. 첫째, 하브루타는 질문이 핵심이다. 아이에게 지시나 요구, 설명을 하기보다 질문을 많이 한다. 둘째, 아이가 틀린 답을 말해도 정답을 알려주지 말고 다시 질문으로 답한다. 셋째, 하브루타 하기 전에 충분히 내용에 대해 알게 한다. 넷째, 뭔가를 외우고 알게 하는 것보다 아이의 뇌를 자극해서 사고력을 높이는 것이 목적이다. 다섯째, 질문하고 대화할 때는 아이에게 집중해서 그 눈을 보고, 그 어떤 대답도 막지 않고 수용한다. 여섯째, 아이의 대답에서 구체적인 근거를 들어 칭찬

한다. 일곱째, 아이가 모르는 것은 책을 다시 보거나 인터넷을 검색하는 등 스스로 찾아보게 한다. 여덟째, 많은 내용을 하브루타하기 보다는 한 가지 내용을 깊이 있고 길게 하브루타 하는 것이 좋다. 아홉째, 다소 어려운 내용도 쉬운 용어로 질문하여 아이가 생각하게 한다. 열째, 모든 일상 속에서 하브루타를 하되 하브루타 하는 시간을 정해서 정기적으로 하는 기회를 갖는다. 열 한번째, 잠재우기 전이 하브루타 하는 가장 좋은 시간이다. 열 두번째, 어린아이라도 쟁점을 만들어 토론과 논쟁으로 끌고 가는 것이 뇌 활동에 좋다. 열 세번째, 꼭 가르쳐야 하는 원칙이나 가치관은 대화를 통해 분명하게 인지하게 한다."

학습자가 의미있게 받아들이지 않는 가르침은 기억에 남지 않으며, 원리를 알면 외우지 않아도 된다. 우리의 공부는 그동안 어땠는가? 시험 점수를 위해 무조건 외우고 시험을 친 후엔 잊어버리고 현실과는 동떨어진 공부를 해왔다. 유대인들의 하브루타를 연구하면서 하브루타는 결코 어려운 것이 아니라 일상 생활 속에서 아이들과 언제라도 할 수 있으며, 궁극적으로는 독서를 통한 하브루타로 나아가는 방향을 제시해 주고자 《한국형 진북 하브루타》 방식을 개발하게 되었다. 하루 10분이라도 아이와 놀아주고 대화하는 것이 하브루타의 시작이다. 가능하다면 매일 매일 하브루타를 하면 좋다. 어렵다면 매주 하루를 '하브루타의 날'로 정해서라도 가정이나 학교에서 하브루타를 적용할 것을 권유한다. 아이와 놀아주는 것에서부터 하브루타를 시작해 보자!

유대인은 하브루타,
우리는《한국형 진북 하브루타》가 있다

　현재 시중에서 퍼지고 있는 여러 가지 형태의 하브루타는 실제 전 세계의 유대인들이 성경과 탈무드로 하는 교육방식이 대부분이다. 그런데 교육방식은 정서와 문화의 영향을 크게 받기 때문에 하브루타의 가장 기본 단계라고 할 수 있는 '질문' 조차도 익숙하지 않은 보통의 아이들에게 기존의 하브루타 방식은 적응하기 힘든 산처럼 느껴질 것이다. 특히 기독교나 천주교 신자가 아닌 사람들은 더욱 적응하기 힘든 분위기다. 결국은 한국인의 정서와 문화를 고려한《한국형 하브루타》가 좀더 많은 사람들에게 적합한 방식이라고 할 수 있다. '한국형 하브루타'란 어떤 것일까?

　한국형 진북 하브루타는 '진짜 독서(zinbook, 진북)를 통해 진정한 북극성(true north, 진북/사명)을 찾자'는 의미를 담고 있다. 유대인들이 '탈무드 하브루타'를 통해 내용과 형식면에서 깊이 있는 토론이 가능했듯 하브루타를 가정이나 학교에 적용하려면 '내용과 형식'의 조화와 균형이 필요하다. 내용 면에서는 유대인의 탈무드와 같이 긍정적인 교육 효과를 거둘 수 있는 좋은 재료가 있어야 한다. 탈무드는 단지 지혜로운 책이 아니라 유대인 율법학자들이 기원전 2세기경부터 약 400년에 걸쳐 집대성한 구전율법인 미쉬나와 학자들의 논의와 해석을 기록한 게마라, 뿐만 아니라 고대부터 전승되어 온 관습과 권위 있는 율법학자가 했던 판정, 다수결에 의한 학자들의 합의 등으로 유대인 공동체 구성원들을 규율하는 모든 권위가 담겨있는 방대한 책이다. 유대인들이 창조성을 발휘하게 된 원천은 바로 이렇게 방대한 내용을 담고 있는 좋은 재료인 탈무드를 가지고 토론을 하기 때문인 것이다.

우리에게 탈무드와 같은 좋은 재료는 무엇일까

그럼 우리에게 유대인의 탈무드와 같은 좋은 재료는 무엇이 될 수 있을까? 다양한 매체가 그것이며 그 중에서 단연코 제일 중요한 재료는 '좋은 책'이라고 할 수 있다. 쉬운 동화책부터 단편 문학, 중편 문학, 장편 문학, 비문학, 인문고전, 시사, 상식, 역사, 철학 등으로 수준을 높여나가면 된다. 형식면에서는 자유로운 하브루타를 추구하면서 그 속에 들어있는 다양한 토의토론 방식을 아이템처럼 많이 갖추면 좋다. 아직 질문과 대화에 익숙하지 않은 우리나라 현실에 맞도록 질문 나누기, 대화하기, 토의하기, 토론하기, 논쟁하기 등으로 수준을 높여나가면 될 것이다.

‘내용과 형식’의 조화를 이루면서 쉽고 간단하게 하브루타를 시작하는 비결은 책을 읽고 토의토론을 하는 것이라고 했다. 하지만 처음부터 분량이 많고 깊이 있는 책으로 하브루타를 하겠다는 것은 욕심이다. 10분 내외로 읽을 수 있으며 토론거리가 충분한 동화나 짧은 이야기, 단편 문학 등으로 낭독을 통한 역할극을 하고, 경험나누기, 다양한 질문나누기, 필사, 토의식 토론, 1:1 찬반 하브루타, 비판적 글쓰기 등 다양한 독후 활동을 하면서 하브루타를 하면 된다. 같은 책을 함께 읽음으로써 공통의 얘기 거리가 생기므로 바로 대화를 시작할 수 있고, 다양한 방식으로 토의토론을 하기 때문에 우려와 달리 자유롭게 하브루타가 이루어질 수 있다.

한국형 진북 하브루타의 힘

《한국형 진북 하브루타》에는 교육 효과를 높이기 위한 다양한 원리가 들어가 있다. 첫째, 기억과 학습의 원리에 따라 다양한 활동을 하다보면 자연스럽게 5번 이상의 반복이 가능하다. 둘째, 책의 종류와 읽는 목적에 따른 ‘취미독서와 교양독서, 수험독서’ 등 독서법의 원리도 반영되어 있어서 어떤 책이든 효과적으로 읽을 수 있다. 셋째, 사색과 성찰을 통한 완벽한 이해와 암기를 추구하는 동양식 공부와 두 사람 이상이 대화와 토론을 통해 자신만의 의견을 만드는 것을 추구하는 서양식 공부의 장점을 반영해서 동서양의 공부문화를 아우르는 퓨전식 공부로 시너지 효과를 기대할 수 있다. 넷째, 시각적 이성형, 청각적 감성형, 운동감각적 행동형 등 세 가지 유형의 학습자들이 선호하는 방식이 고르게 들어가 있어서 어떤 유형이든 효과를 볼 수 있다. 다섯째, 학습 역삼각형의 원리에 따라 읽거나 듣거나 보는 등 한 가지 방법이 아니라 말하기, 듣기, 읽기, 쓰기 등 종합적인 커뮤니케이션 방법을 활용하기 때문에 학습 효과를 극대화 시킬 수 있다.

《한국형 진북 하브루타》의 특장점은 크게 다섯 가지다. 우선 한국형 하브루타이기 때문에 창의성 향상에 효과적이고, 기억과 학습의 원리에 적합하기 때문에 주도성을 키울 수 있으며, 인지방법과 성격유형의 원리를 반영하고 있어서 학습자의 다양성을 보장한다. 그리고 쉽고 간단한 방식이기 때문에 자발적인 참여를 유도할 수 있고, 7키워드 토의토론과 1:1 찬반 하브루타가 플랫폼 역할을 하기 때문에 진로와 인성, 교과 등 다양한 분야에 응용을 통해 협동성도 키울 수 있다.

《한국형 진북 하브루타》는 성공인과 핵심인재의 필수 요소인 '성품과 역량'을 고르게 발달시키는 데도 효과적이다. 바른 인성과 리더십, 자존감 향상을 통해 '성품'을 기르고, 말하기, 듣기, 읽기, 쓰기 등 종합적인 의사소통(커뮤니케이션) 능력과 창의적인 콘텐츠 생산 능력 향상을 통해 '역량'을 키운다. 그리고 체계적이고 전문적인 독서법 교육을 통해 독해력과 이해력, 사고력과 표현력을 향상시키고, 올바른 독서태도와 습관을 형성하도록 돕는다. 아울러 책을 통해 자신과 주변 사람들(친구와 부모, 선생님 등)을 이해함으로써 최근에 사회적인 문제가 되고 있는 청소년 관련 사건사고 예방에도 실질적인 도움이 된다. 앞으로 소개하는 《한국형 진북 하브루타》의 구체적인 사례를 통해 좀더 많은 아이들이 자신만의 북극성을 찾아서 하늘에 빛나는 별이 되길 바란다.

아이의 뇌를 깨우는
최고의 비결

《한국형 진북 하브루타》는 '낭독'과 '독서토론'으로 구성되어 있다. 한마디로 책을 중심으로 '질문하고 대화하며 토론하는 공부법'이다. 과학기술의 발전에 따라 첨단 장비들이 개발되면서 예전에는 막연하게 추상적으로 알고 있었던 정보들이 구체적이고 명확하게 밝혀지고 있다. 낭독(소리 내어 책읽기)을 할 때 우리 뇌에서는 도대체 어떤 일이 일어날까? 그리고 낭독을 하면 어떤 좋은 점들이 있을까? 또한 독서토론의 효과는 무엇일까?

낭독은 선택이 아닌 필수

가천의과학대학교 뇌과학연구소는 방송국의 의뢰를 받아 낭독에 관한 실험을 했다. 묵독과 낭독을 했을 때 뇌의 어느 부분이 활성화 되는가 비교하는 것이었다. 실험 과정에서 최첨단 뇌영상 장비인 f-MRI(기능성 자기공명영상) 기기를 활용해 한 사람이 의미 없는 문장을 눈으로 읽었을 때(묵독)와 소리 내어 읽었을 때(낭독)를 비교해서 촬영했다.

실험을 주도한 김영보 교수에 따르면 묵독을 할 때보다 낭독을 할 때 대뇌에서 활성화된 영역은 모두 4곳이다. 1차 운동 피질 영역과 1차 청각 피질영역 등 운동영역이 활성화되었고, 베르니케 영역(뇌의 좌반구에 위치한 부위로 언어정보의 해석을 담당)과 브로카 영역(뇌의 좌반구 전두엽에 존재하는 부위로 말을 하는 기능을 담당) 등 말하기 중추가 훨씬 많이 활성화되었다.

낭독을 할 때 눈과 귀, 입을 동시에 사용하므로 시각과 청각, 입 운동 등 많은 자극이 동시에 이루어져 쉽게 뇌를 활성화시킬 수 있다. 그래서 낭독은 효과적인 뇌의 준비운동이라고 할 수 있다.

일본 도후쿠대학교의 가와시마 류타 교수팀도 '낭독이 전두엽 기능에 어떤 영향을 미치는가?'를 주제로 실험을 했다. 51명의 실험군을 6개월 동안 낭독 훈련을 시켜 47명의 대조군과 비교한 결과 낭독을 실시한 후 기억력이 20% 정도 향상되었다고 한다. 낭독이 뇌를 워밍업 시켜서 뇌가 평소보다 활발하게 능력을 발휘한 것이다. 결국 낭독이 전두엽 부분의 뇌 기능을 향상시킨다는 것이다.

숭실대학교 소리공학연구소 배명진 교수에 따르면 낭독이 뇌파에도 영향을 미친다. 보통 사람이 일상에서 아무 생각 없이 가만히 있을 때 로우 베타파나 하이 베타파 같은 고주파가 나온다. 그러다가 점점 알파파 위주로 에너지가 몰리는데, 고도의 정신 수련을 하게 되면 알파파보다 약간 저주파, 세타파로 에너지가 몰리다가 정신이 고도의 집중력을 발휘할 때는 델타파 쪽으로 옮겨진다고 한다. 독서를 하면 세타파가 증가되는데, 낭독을 하게 되면 집중력이 향상되면서 델타파 에너지가 강하게 나타난다고 한다.

MBC '우리 아이 뇌를 깨우는 101가지 비밀' 프로그램에서도 학생들을 대상으로 '묵독과 낭독의 효과'를 주제로 비교 실험을 했다. 성적이 비슷한 학생들을 두 그룹으로 나눠서 단순 기억력 실험을 한 것이다. 먼저 학생 수준에 맞추어 처음 본 책을 일정 부분 꼼꼼히 읽도록 한다. 이때 한 팀은 소리 내지 않고 눈으로만 보는 묵독을, 다른 팀은 소리 내어 읽는 낭독을 하게 한 후에 책의 내용을 물었다.

10분 정도 정해진 분량으로 책 읽기가 끝나고 독서퀴즈 문제를 냈다. 낭독 vs 묵독, 과연 누가 더 많이 기억을 했을까? 1차 테스트 결과 낭독팀은 평균 50.6점이 나왔고, 묵독팀은 평균 36.0점이 나와서 14점이나 차이가 났다.

이번에는 실험의 객관성을 위해 낭독 팀과 묵독 팀을 교체해서 다시 한 번 실험을 했다. 1차 테스트와 다른 내용으로 10분 책 읽기가 끝나고 독서퀴즈 문제를 냈다. 2차 테스트 결과 낭독 팀은 평균 57.5점이 나왔고, 묵독 팀은 평균 38.7점이 나와서 19점 정도의 차이가 났다. 묵독을 했을 때보다 낭독을 했을 때 24점(16점→40점)이나 점수가 오른 학생도 있었고, 반대로 낭독을 했다가 묵독을 했을 때 25점(55점→30점)이나 점수가 내려간 학생도 있었다. 1차와 2차 테스트를 종합한 결과 묵독보다 낭독을 했을 때 독서퀴즈 점수가 높았다. 낭독의 효과가 입증된 것이다.

낭독은 두뇌 활동을 활발하게 한다. 낭독을 할 때 눈과 입, 귀를 모두 사용하기 때문에 대뇌 신경세포 중에 70% 이상이 움직인다. 눈으로 책을 읽을 때는 시각과 관련된 부위만 활성화되지만 소리 내어 책을 읽을 때는 시각과 청각 등 좀더 다양한 부위가 활성화되는 것이다. 낭독은 기억력도 향상시킨다. 어떤 단어나 문장을 눈으로 읽을 때보다 입으로 소리 내어 읽었을 때 4배의 기억효과가 있다. 낭독을 하는 동안 집중력이 높아지고, 낭독하는 행위 자체가 에피소드(경험) 기억을 형성하기 때문이다. 낭독은 두뇌를 개발하고 기억력을 향상시키는 방법이니 머리를 좋게 만들고 싶다면 낭독을 열심히 하면 된다.

낭독의 효과

낭독의 효과에는 어떤 것들이 있을까? 낭독은 자신감을 키우고, 사람을 능동적이며 진취적이게 만든다. 눈으로 읽는 것은 개인적인 일이지만 낭독은 공적인 행위이기 때문에 자신감 향상에 도움이 된다. 그리고 우리나라의 교육은 주로 듣는 수업으로 진행되므로 듣기 훈련이 잘 된 사람은 수업에 대한 적응력이 높아져서 학습 효율을 높일 수 있다.

낭독을 하게 되면 한 글자 한 글자를 정성들여 읽게 되므로 자연스럽게 정독을 할 수 있다. 눈으로 보는 것은 책 읽는 속도를 빠르게 하였지만 생각이 그 속도를 따라가지 못함으로써 앞서 읽은 것을 금방 잊어버리는 경우가 많은데, 이런 문제를 해결하는 데 도움이 된다. 낭독은 글씨만 읽는 행위를 넘어 귀의 감각을 일깨우고, 소리의 진동을 통해 몸이 반응하게 되므로 온몸으로 기억하고 집중할 수 있다.

낭독은 어휘력과 이해력을 키워준다. 문학작품이나 고전으로 낭독을 하면 자신의 이해 수준보다 높은 어휘나 단어에 노출되므로 어휘력이 향상된다. 낭독을 통해 책 읽는 소리에 익숙해진 사람은 여러 분야에 관심과 흥미를 갖게 되어 자신의 진로를 찾기도 쉽고, 다른 사람과 문화를 잘 이해할 수 있게 된다.

낭독은 마음을 평화롭게 한다. 각종 고민과 스트레스로 생긴 우울과 분노, 걱정을 다스리는 데 낭독만큼 좋은 것이 없다. 마음을 위로하고 편안하게 만드는 데 도움이 되는 좋은 글을 소리내어 읽는 과정 속에서 자연스럽게 심신이 치유되는 것이다.

낭독은 듣는 사람뿐 아니라 읽는 사람도 행복하게 만든다. 책을 소리 내어 읽으면 기분이 좋다. 자신이 마음에 드는 구절을 읽을 때는 행복하다. 듣는 사람은 더욱 행복하다. 또한 낭독은 학습 효과를 높인다. 소리를 내어 읽으면서 눈으로 보고 발음을 하며 소리로 듣기까지 하면서 정보를 입력하게 되므로 두뇌가 3중으로 자극을 받게 된다. 따라서 눈으로 그냥 볼 때보다 훨씬 기억에 도움이 될 수 밖에 없다.

낭독은 집중력을 높인다. 소리를 내어 읽으면 잡생각이 끼어들지 못한다. 사람의 뇌는 특이하게도 낭독을 하는 순간 다른 잡념이 끼어들 틈을 허락하지 않는다. 공부할 때 엉뚱한 생각이 끼어들어 멍 때릴 때가 많거나 공부에 집중이 안 될 때, 낭독을 하면 잡생각이 봄눈 녹듯 사라지는 현상을 경험할 것이다. 낭독을 하면 발표력과 표현력이 향상된다. 머릿속에 천 가지 지혜와 만 가지 지식을 담았더라도 겉으로 드러내지 못하면 아무 짝에도 쓸모가 없다. 낭독은 정확하게 발음하고, 남들 앞에서 조리 있게 발표함으로써 발표력과 표현력을 키우는 가장 좋은 방법이다.

책읽어주기는 아이들 영혼의 스킨십이다

자녀가 있는 부모라면 소리 내어 책읽어주기를 통해 또 다른 효과를 기대할 수 있다. 책읽어주기는 사랑을 표현하는 최고의 도구로서 쉽고 간단하게 실천할 수 있는 자녀 교육법이다. 책읽어주기를 위한 공간에서 읽어주는 사람과 듣는 사람이 연결되어 소소한 이야기도 나누고, 친밀도를 높이면서 함께 유익한 시간을 가질 수 있다. 특히 아빠들은 아이와 함께 하는 시간이 적어서 아이를 잘 모르는 경우가 많은데, 책읽어주기를 통해 아이를 잘 이해할 수 있다.

책읽어주기는 가족만의 언어를 만들어 준다. 바쁜 일상 속에서 부모와 함께 책을 읽으며 보내는 시간은 아이에게 부모의 관심과 사랑, 보살핌을 증명하는 일이고, 부모에게는 일상을 잊고 자녀와 좋은 관계를 맺는 기회가 된다.

책읽어주기는 책 속의 다양한 간접 경험을 나누는 효과적인 방법이다.

혼자 글을 읽지 못하는 아이들에게 특히 유용하고, 고학년 아이에게도 유용하다. 책읽어주기는 아이들로 하여금 읽는 것을 배우고자 하는 의욕을 심어주고 언어능력을 발달시키며, 이해력을 신장시키고, 지식의 폭을 넓혀주며, 심리적인 교육 기회를 제공한다. 다양한 형태의 언어 학습을 위해 듣기 이상의 기초적인 방법이 없으며, 어른이 책을 읽어줌으로써 아동에게 언어의 모델로서 읽기 모델을 제공한다.

책읽어주기는 문학을 접하고 감상할 수 있는 기회 제공은 물론 좋아하는 책과 읽기 어려워 접하기 힘든 책들을 용이하게 제공함으로써 독서 동기를 자극한다. 읽어주는 책의 내용을 들으며 책 속의 문학적 음성을 어린이 자신만의 문학적 음성으로 바꾸어 주므로 상상력, 호기심, 창의력을 길러준다. 풍요롭고 안정된 정서를 갖게 하며, 심미적 감상력을 기를 수 있어 궁극적으로 전인적 발달에 도움이 된다.

책읽어주기는 자신과 타인에 대해 학습할 수 있으며, 자신의 지식을 확대하고, 어휘력을 증진시키며, 이야기에 대한 감각을 발달시키고, 듣는 태도를 길러 집중력을 향상시킨다. 소리 내어 읽어주기에 사용되는 책들은 문학과 사회, 과학 등의 교과 지식을 담은 내용, 수학 기술을 익히는 내용, 그 외 동화적인 요소를 담은 책을 사용할 수 있어 학습과 연계하여 학습능력을 향상시키며, 책의 편식을 막을 수 있다. 책읽어주기를 통하여 독서의 장애 요인이 되는 독서시간을 확보하게 되고, 규칙적인 책읽어주기 활동을 통해 독서습관을 형성하게 한다. 책읽어주기가 가정-학교-사회로 이어지면서 독서문화 정착을 용이하게 함으로써 국력과 국민의 지력 향상을 도모하며 삶의 질 향상에 기여한다.

『나쁜 사마리아인들』의 저자 장하준 교수는 아이들에게 『나니아연대기』
를 읽어주느라 목에 혹이 날 정도였다고 한다. 모유 수유가 육체적 스킨십
이라면 책읽어주기는 영혼의 스킨십이라고 할 수 있다. 우리 아이에게 어
떤 유산을 남겨줄 지 고민하지 말고, 최고의 선물인 '책읽어주기'를 통해 독
서하는 습관을 전해주길 바란다. 책읽어주기는 힘이 세다.

독서토론을 해야 하는 이유

독서토론은 책을 읽고(독서), 서로의 의견을 나누는(토론) 언어 활동이다.
독서토론은 토의토론을 통해 독서 내용을 내면화시키고 책의 내용에서 문
제점을 찾고 주제에 대해 토론하면서 좀더 분명하고 정확하게 주제에 접근
하는 독자 비평 활동이다. 독서토론은 서로의 의견을 나누는 과정을 통해
책의 내용에 대한 자신의 이해를 높이고자 하는 집단 활동으로써 확장적 사
고를 할 수 있는 가장 바람직한 독후활동이다. 독서토론은 책을 읽고 핵심
사항들에 대해 폭 넓고 깊이 있게 이해하고 표현하는 활동으로서 참여자의
독해력과 사고력, 표현력과 청취력을 높여주는 종합적인 지적 활동이다.

독서토론은 21세기 핵심 인재가 되기 위해 필요한 여러 가지 요소를 종
합적으로 갖출 수 있게 해주는 방법으로써 다음과 같은 효과가 있다.

첫째, 독서토론은 이해력을 키워준다. 책을 읽고 그 책에 대해 이야기를 나누는 것이므로 책을 이해해야만 자기 생각을 표현할 수 있다. 토론하는 과정에서 다른 사람의 생각도 들어볼 수 있기 때문에 이해의 폭이 넓어진다. 둘째, 사고력을 키워준다. 독서토론은 질문 만들기를 위해 의문을 품고 책을 읽어야 하고, 자신의 생각을 조리 있게 정리해서 발표해야 하기 때문에 생각할 수 있는 기회가 많아서 사고력 향상에 도움이 된다. 셋째, 책을 읽고 형성된 자신의 지식과 관점, 가치를 바탕으로 자신의 생각을 말과 글로써 표현하는 프로그램이므로 표현력 향상에 도움이 된다.

넷째, 독서토론은 논리력을 키워준다. 독서토론은 자신의 생각을 뒷받침 할 수 있는 확실한 근거와 이유를 찾는 훈련 과정이기 때문에 다른 사람을 이해시키고 설득하는 능력을 향상시키는 데 도움이 된다. 다섯째, 창의력을 키워준다. 독서토론은 풍부한 지식을 바탕으로 함께 생각하기 때문에 새로운 생각을 할 수 있는 힘이 향상된다. 여섯째, 리더십을 키워준다. 가족끼리 독서토론을 할 때 돌아가며 토론리더를 하면서 경청의 리더십을 기를 수 있기 때문이다. 독서토론은 말하기와 듣기, 읽기, 쓰기 등 리더십에 필요한 의사소통(커뮤니케이션) 능력을 향상시키는 데도 도움이 된다. 아울러 올바른 독서습관과 태도를 길러준다. 독서토론은 이미 와있는 미래 4차 산업혁명 시대에 평생학습을 해야 하는 상황에서 강력한 무기를 제공한다.

낭독과 독서토론을 통한 《한국형 진북 하브루타》는 뇌의 다양한 부위를 자극하는 효과적인 방법이다. 어릴 때부터 자연스럽게 진북 하브루타를 습관으로 만든다면 뇌를 훌륭하게 성장시킬 수 있다. 하브루타는 우리 아이의 뇌를 깨우는 최고의 비결이다!

'질문'은
하브루타의 핵심

　서양 철학사 책을 보면 어떤 책이든 첫 부분에 시조(始祖)처럼 등장하는 사람이 있다. 플라톤 보다 더 이전의 사람으로 자연주의 학파의 일원이며, BC 585년 5월 28일에 일어난 것으로 추정하는 일식을 예언한 것으로 유명하다. 헤로도토스에 따르면 이 사람은 에게 지역의 이오니아 도시들의 연합을 옹호한 현실 정치가였고, 기하학을 이용해 피라미드를 측량했으며, 바다에 떠 있는 배까지의 거리를 계산했다고 한다.

　'만물의 근원은 물이다.'라고 말했던 이 사람은 누구일까? 서양철학의 시조라고 불리는 이 사람은 바로 '탈레스'다. 탈레스의 중요성은 물을 본질적인 실체로 선택한 점보다는 현상을 단순화하여 자연을 설명하려 한 데 있다. 문제의 근본적 원인을 신들의 변덕보다는 자연 자체 안에서 탐구함으로써 신화의 세계와 이성의 세계 사이에 다리를 놓았던 것이다. 즉, '만물의 근원은 물이다'라고 말한 '대답'이 위대해서가 아니라 '만물의 근원이 무엇일까?'라는 '질문'이 위대했기 때문에 철학의 시조가 된 것이다.

탈레스 이후 위대한 질문으로 인류 역사에 절대적인 영향을 미친 사람이 세 명 더 있는데, 아이작 뉴턴과 찰스 다윈, 알버트 아인슈타인이 주인공이다. 뉴턴은 '왜 사과는 항상 지면에 수직으로 떨어지는 걸까?'라는 질문을 통해 '만유인력의 법칙'을 발견했고, 다윈은 '지구의 모든 생물은 어디에서 왔을까?'라는 질문을 통해 '진화론'을 발견했으며, 아인슈타인은 '뉴턴의 역학과 맥스웰의 전자기학 사이에 왜 모순이 있을까?'라는 질문을 통해 상대성 이론을 발견했다.

부모가 어떤 질문을 하느냐에 따라 달라지는 아이들의 미래

질문은 우리의 삶에서 차이를 만들어내고 미래를 바꾸는 강력한 힘을 갖고 있다. 누군가로부터 질문을 받거나 스스로 질문을 하면 잠재의식 속에 그 질문이 계속 남아있게 됨으로써 지속적으로 생각하고 행동하게 된다. 결국 인간은 질문을 던지는 방향으로 발전해 나가기 때문에 현재 어떤 질문을 하느냐에 따라 미래가 달라지는 것이다. 지금 떠오른 하나의 질문이 어쩌면 위인전에 나오는 인물들처럼 인류의 역사를 바꿀 수도 있을 것이다.

질문이 이렇게도 중요한데, 사람들은 질문을 잘 하지 않는다. 그 이유는 무엇일까? 『질문 파워』를 쓴 패러다임컨설팅의 이태복 대표는 다음과 같이 말한다.

"첫째, 질문을 하면 상대방이 '그것도 모르나?'라는 생각으로 비웃지나 않을까 염려한다. 둘째, 자신이 상대방의 생각을 잘 알고 있기 때문에 물어볼 필요가 없다고 착각한다. 셋째, 질문의 중요성은 알지만 질문하는 방법을 모른다. 넷째, 대안이 없으면 질문도 하지 말라는 말을 많이 들어왔다. 다섯째, 상대방이 '예, 아니오' 식의 답만 빨리 요구한다. 여섯째, 질문하면 상대방이 짜증을 내거나 쓸데없는 질문을 한다고 야단을 친다. 일곱째, 질문을 하면 상대방을 믿지 못하는 것으로 보이거나 상대방을 일부러 곤란하게 만든다고 생각한다. 여덟째, 질문을 한다는 것은 종종 이해관계자 사이에 의견 충돌이 있거나 상대방이 의견에 저항을 하는 것처럼 보인다. 아홉째, 지금 하는 일도 바쁜데 골치 아픈 질문을 해서 머리를 아프게 할 필요가 없다고 생각한다. 열째, 질문을 하면 '네가 총대를 메라'는 반응이 나온다."

『질문의 힘』을 쓴 제임스 파일은 다른 관점으로 질문하지 않는 이유를 바라본다.

"질문을 하려면 우선 잘 들어야 한다. 그런데 사람들이 잘 듣지 못하는 이유는 상대가 답하는 동안 다음 질문을 생각하고 그 질문을 어떻게 물어야 할지에 정신이 팔려있기 때문이다. 우리의 경청 능력을 약화시킨 또 다른 주범은 동시에 여러 가지 일을 하는 멀티태스킹 생활방식이다. 문자 메시지 신호음이나 전화벨 소리를 들으면 우리는 그게 무슨 일이든 하고 있던 일에서 주의를 빼앗긴다. 그때 누군가의 말을 듣고 있는 중이었다면 갑자기 효과적인 듣기를 방해받게 되는 셈이다. 인간에게는 귀가 둘이고 입이 하나다. 최고의 질문자는 바로 그 비율로 귀와 입을 사용한다. 질문은 질문에 답하는 사람에게 초점이 맞춰져 있다는 의미다. 대화에서는 질문자가 주인공이 아니다. 대화 중에 주로 말을 많이 하는 쪽이 질문자라면, 그는 제대로 질문하는 것이 아니다."

하브루타식 질문의 힘

그렇다면 좋은 질문을 하기 위한 방법에는 어떤 것들이 있을까? 첫째, 두 살짜리 아이의 호기심을 갖고 질문한다. 둘째, 상대방의 감정을 고려해서 밝고 긍정적인 얼굴로 질문한다. 셋째, '누가, 언제, 어디서, 무엇을, 어떻게, 왜' 등 여섯 개의 의문사를 활용해서 질문한다. 넷째, 다른 사람이 어떻게 생각하고 느끼는지를 상대방 입장에서 생각하면서 질문한다. 다섯째, 네 가지 발견 영역인 사람, 장소, 사물, 시간 속의 사건을 모두 다룰 수 있게 질문한다. 여섯째, 듣는 사람의 호기심을 유발하고, 명확한 초점으로 새로운 가능성을 볼 수 있도록 질문한다. 일곱째, 상대방의 가정을 잘 파악한 후에 구성(언어적인 구조)과 범위(더 많은 것을 포함)를 고려해서 질문한다. 여덟째, 답변이 기대했던 것보다 부족하다면 '후속 질문(Follow-up)'으로 보강한다.

우리가 책을 읽고 하브루타 토의토론을 하는 가장 큰 이유는 '생각(사고)' 하는 능력을 키우기 위해서다. 생각은 물음(의문)을 가지는 것에서 시작되고, 질문을 통해 표현된다. 질문은 하브루타 토의토론 참여자들의 생각과 표현을 자극하기 위해서 던지는 문제 제기이므로 토론 리더는 참여자들에게 어떤 사고 활동이 일어나고 있는지를 유심히 살펴볼 필요가 있다. 그리고 '왜 그렇게 생각하는가?', '어떻게 그런 생각을 갖게 되었나?', '뭘 보고 그런 생각이 들었나?' 등 추가 질문을 던져서 사고의 과정까지도 추적해야 한다. 하브루타 토의토론이 성공하려면 좋은 질문이 있어야 하고, 토의토론을 통해 더 좋은 질문이 만들어지기도 한다.

좋은 질문에는 다음과 같은 요소가 담겨 있다. 첫째, 참여자 스스로 이것저것 여러 가지로 생각할 수 있도록 유도하는 '우회적 질문'이 좋다. 둘째, 묻고자 하는 초점을 명확히 알 수 있도록 '한정적 질문'이 좋다. 셋째, 가끔은 이미 갖고 있는 지식이나 경험, 가치관을 부정하는 '자극적 질문'도 좋다. 예를 들어 '심봉사의 눈을 뜨게 하기 위해서 인당수에 몸을 던진 심청이를 진정한 효녀라고 할 수 있을까?'라고 물으면 그 이면에 '심청이를 효녀로만 볼 수 없다'는 부정적인 단정이 깔려 있다. 심청이를 효녀라고 생각했던 사람들은 자신의 생각이 부정되었으므로 '왜지?', '그럴 리가 없는데'라는 의문이 생기면서 본격적인 사고의 확장이 시작될 것이다.

질문의 종류에는 여러 가지가 있다. 명시적 질문(독해용 질문)은 텍스트의 내용을 이해했는지 확인하기 위한 물음이고, 문맥 간의 의미를 통해 다양한 생각을 할 수 있도록 하는 물음은 '토의용 질문'이라고 한다. 사실적인 이해를 바탕으로 하는 명시적 질문보다는 추론적, 비판적 사고로 확장할 수 있는 토의용 질문을 많이 해야 한다. 인지적 질문은 텍스트를 통해 얻게 된 정보의 내용에 대해 정신 활동이나 사고 수준을 자극하기 위한 물음이고, 정의적 질문은 인간의 감정이나 태도, 신념, 성격과 관련된 물음이다.

인지적 질문은 블룸Bloom 의 6단계 인지적 사고 유형인 '지식, 이해, 적용, 분석, 종합, 평가' 등을 고려해서 가장 낮은 수준인 지식 단계부터 점차 높은 수준인 평가 단계로 나아가야 한다. 정의적 질문은 크라스월Krathwohl 의 5단계 정의적 영역인 '수용, 반응, 가치화, 조직화, 성격화' 등으로 분류된다. 한편 커닝햄Cunninghm 은 이 두 영역이 분리될 수 없다면서 인지적 질문과 정의적 질문을 종합해서 다룰 것을 주장한다.

문학 작품으로 하브루타 토의토론을 진행할 때에는 인물, 사건, 배경, 주제 등 네 가지 조건을 고려해서 질문을 만들면 쉽다. 첫째, 글을 쓴 작가가 중요한 인물을 어떻게 표현했는지 알 수 있는 질문을 해야 한다. 둘째, 글의 구성이나 이야기의 순서를 알 수 있도록 질문해야 한다. 셋째, 시간적, 공간적 배경과 그 근거를 알 수 있도록 질문을 해야 한다. 넷째, 중심 사상과 주제를 통해 작품의 의미를 알 수 있도록 질문해야 한다. 문학 작품 질문의 종류에는 등장인물 이해를 위한 질문(등장 인물들은 누구인가요?), 사건 이해를 위한 질문(등장 인물들이 왜 갈등했나요?), 배경 이해를 위한 질문(어느 때, 어디를 배경으로 하고 있나요?), 주제 이해를 위한 질문(작가는 왜 이 작품을 썼을까요?), 생활에 연결시키기 위한 질문(작품에서와 같은 사건을 경험한 적이 있나요?), 관점을 넓히기 위한 질문(만약 내가 주인공이었다면 어떻게 했을까요?) 등이 있다.

위의 '질문의 6가지 종류'와는 달리 4가지로 구분하는 방법도 있다. 사실적 질문은 사실에 해당하고 정답이 하나인 물음으로써 보통 인물, 사건, 배경과 관련한 질문이다. 사색적 질문은 참여자의 상상력을 자극하는 물음으로써 관점을 넓히기 위한 질문에 해당된다. 평가적 질문은 옳고 그름을 판단할 수 있는 물음을 의미하고, 해석적 질문은 텍스트에서 근거를 2개 이상 찾을 수 있는 물음으로써 주제 이해를 위한 질문에 해당된다.

『심청전』을 예로 든다면, '심청이의 계모이자 봉사 잔치에 참석하기 위하여 심봉사와 함께 황성으로 간 사람은 누구인가?'라는 물음은 정답이 하나(뺑덕어멈)밖에 없는 사실적 질문에 해당된다. '봉사 잔치를 통해 만난 심청이와 심봉사는 나중에 어떻게 되었을까?'라는 물음은 상상해서 이야기를 만들어 낼 수 있으므로 사색적 질문에 해당된다. '심청이가 인당수에 몸을 던진 것은 옳은 일일까?'라는 물음은 옳고 그름을 판단할 수 있게 도와주는 평가적 질문에 해당된다. '심청이는 왜 인당수에 몸을 던졌을까?'라는 물음은 텍스트를 바탕으로 다양한 의견(아버지 눈을 뜨게 하기 위해, 공양미 300석을 바치기 위해, 사공과의 약속을 지키기 위해 등)이 나올 수 있는 해석적 질문에 해당된다.

해석적 질문을 도출하기 위해서는 먼저 책을 2번 이상 읽고 잘 이해되지 않거나 특별히 중요하다고 생각하는 것, 강한 인상을 주는 것에 밑줄을 긋거나 표시를 한다. 그리고 의심, 관심과 흥미, 토론 가능성(2개 이상의 답변이 가능한 것), 명확성(쉽게 이해 가능한 것), 구체성(해당 도서에만 적용 가능한 것) 등의 요소를 기초로 좋은 해석적 질문을 선택하면 된다.

해석적 질문을 통한 활동은 지식을 더욱 확고히 하고 논리적인 사고력과 분석력 형성, 자신의 생각과 타인의 생각을 비교하기, 자신의 생각을 더욱 확고히 정리할 수 있는 능력 형성에 효과적이다. 그리고 새로운 가능성을 창조할 수 있는 능력, 텍스트의 중점 주제에 대한 깊이 있는 탐색과 탐구

능력 등 다양한 효과를 거둘 수 있다. 이를 바탕으로 지적, 정신적, 종합적인 능력을 배양하는 데 도움을 준다. 그 외 하브루타 토의토론을 위한 질문에는 세 가지가 더 있다.

첫째, 기본 질문Basic Questions은 텍스트에 나와 있는 의미의 핵심적 문제를 총체적으로 설명하는 해석적 질문을 말하며 독해력 향상에 도움이 된다. 토론 참여자들로 하여금 텍스트의 한 부분에만 집중하고 생각해 보게 하는 것이 아니라 텍스트 전체의 내용을 점검하게 하는 질문이다. 둘째, 하위 질문Cluster Questions은 모든 기본 질문과 관련된 일군의 좋은 질문을 말하며 독해력과 사고력 향상에 도움이 된다. 이것들은 각기 다른 관점으로부터 기본 질문에 접근하거나 전체 중의 분리된 일부분만 설명하거나 기본 질문에서 제기된 질문을 생각하면서 다양한 구절들을 점검하는 형식으로 이루어진다. 셋째, 후속 질문Follow up Question은 '토론 참여자의 생각에 대해 당신의 호기심을 표현하는 것Follow up Questions are an expression of your curiosity about your student's idea'을 말하며, 리더가 토론 진행 시에 갖추어야 할 가장 기본적인 기술이다. 후속 질문은 리더에게 가장 중요하고도 어려운 부분이다. 왜냐하면 기본 질문과 하위 질문은 사전에 준비할 수 있지만 토론 참여자의 반응에 따른 후속 질문은 상황에 즉시 반응해야 하기 때문이다. 후속 질문을 잘하기 위해서는 무엇보다 토론 참여자들이 말하는 바를 주의 깊게 잘 들어야 하고 분석을 효율적으로 해야 한다.

후속적 질문의 종류에는 다음과 같은 것들이 있다. 첫째, 무슨 의미인지 설명하도록 하는 '명확성'에 관한 질문이다(그것이 무슨 의미인지 자세히 설명해 줄 수 있는가?). 둘째, 책 속에서 근거를 찾도록 하는 '근거'에 관한 질문이다(책의 어느 부분을 보고 그렇게 생각했나?). 셋째, 틀린 답변에 대해 스스로 정정할 수 있게 하는 '확인'에 관한 질문이다(조금 전에 이렇다고 했는데 그렇다고 하는 건 생각이 바뀐 건가?). 넷째, 두 가지 이상의 의견 중에서 선택할 수 있게 하는 '선택'에 관한 질문이다(○○는 이렇다고 하고 ○○는 저렇다고 하는데 ○○의 생각은 어떤 것인가?). 다섯째, 함축적 의미를 찾아내도록 하는 '함축'에 관한 질문이다. 여섯째, 다른 토론 참여자들끼리 토론을 유도하는 '동의·비동의'에 관한 질문이다.

후속 질문을 할 때 리더는 답변을 최소화 하고 토론 참여자 스스로 답변하게끔 유도해야 한다. 일상생활에서 질문하는 습관을 들여야 토론 참여자의 답변에 즉시 반응하면서 토론의 깊이를 더할 수 있다.

국내 최고의 탈무드 전문가인 하브루타 교육협회 김정완 이사는 최근 '하브루타의 핵심, 질문하기'라는 주제의 강연에서 질문의 중요성을 강조하며 다음과 같이 말했다.

"하브루타의 핵심은 '질문'이다. 하브루타를 짝을 지어 질문하고 대화하고 토의하고 토론하는 유대인의 교육법(공부법)이라고 하는데, 대화(Dialogue)와 토의(Discussion), 토론(Debate)의 시작이 바로 '질문'이다. 질문은 사고력과 논리력, 발표력, 경청력, 포용력을 향상시키고, 지식과 지혜를 효과적으로 습득할 수 있게 도와주며, 인성개발에도 효과적이다. 질문은 정보의 획득과 배려, 비전, 티쿤올람(세상을 개선한다), 영적 성취 등 다섯 가지 차원에서 중요하다. 마음속에 생기는 의문이 밖으로 표현되면 질문이 되는

데, 의문이 생기려면 '불일치(기존지식과 새로운 지식)와 모순(처음 내용과 끝 내용), 관찰, 호기심' 등 4가지 생각이 필요하다. 『탈무드 하브루타 러닝』의 저자 헤츠키 아리엘리는 유대인의 생존 비결로 '결핍과 배움, 책'을 꼽았는데, 이 세 가지의 공통점도 '질문'이다. 유대인이 노벨상 수상자의 30%를 차지하고, 전 세계 정치, 경제, 사회, 문화 등 모든 분야에서 글로벌 파워를 자랑하는 비결은 어떤 질문이든 허용하는 그들만의 독특한 문화때문이다. 유대인들은 학교에 갈 때는 '질문 많이 해라'라고 하고, 학교에서 돌아오면 '어떤 질문을 했니?'라고 물으며, 좋은 답을 얘기하는 아이보다 좋은 질문을 하는 아이를 더 높이 평가한다. 심지어는 예의에 어긋나거나 무례한 질문까지도 기꺼이 수용한다. 질문의 가치를 다른 어떤 것보다 높이 사기 때문이다. 결국 하브루타는 호기심을 바탕으로 의문을 통한 '자기주도 질문법'이 핵심이다."

질문은 우리의 생각과 깊은 관련이 있기 때문에 어떤 질문을 하느냐에 따라 엄청난 결과의 차이를 가져올 수 있다. 평소 던지는 질문이 부정적인가, 긍정적인가? 후회하고 비난하는 것인가, 칭찬하고 격려하는 것인가? 과거지향적인가, 미래지향적인가? 사소한 질문 하나가 자신과 가정, 조직, 사회에 큰 영향을 미칠 수 있다. 목표를 달성하는 것보다 목표가 있다는 사실 자체가 중요하듯이 질문에 대한 답을 얻는 것보다 질문을 한다는 자체가 중요하다. 질문하는 습관을 통해 미래를 바꾸는 힘을 갖게 되길 바란다.

"질문들 중에서 유일하게 나쁜 질문은 묻지도 않고 지나간 질문이다."

아이의 마음 문을 여는
하브루타

　자녀와의 효과적인 대화를 위해 하브루타는 더 없이 좋은 방법이 될 수 있다. 그런데 하브루타 교육을 하다보면 "아이에게 하브루타를 시도했는데 말하기를 너무 싫어 해요. 어떻게 해야 하나요?"라는 질문을 종종 받게 된다. 무엇이든 제일 중요한 것은 '하고 싶은 마음이 들게 하는 것'이다. 그동안 자녀와의 관계가 원만하지 않았다면 하브루타를 시도하는 자체가 자녀에게는 부담일 수 있다. 그렇기 때문에 하브루타로 다른 교육적 효과를 보려는 시도보다는 자녀의 마음 문을 열기 위한 하브루타가 선행되어야 할 것이다.

아이의 마음 문을 여는 열쇠

자녀의 마음 문을 여는 하브루타를 위해 지켜야 할 원칙이 있다. 첫째, 존중(尊重)이다. 존중의 사전적 의미는 '높이어 귀중하게 대하는 것'이다. 자녀가 어리다고 하더라도 존재 자체로, 인격적으로 대해야 한다. '너는 어리니까 무조건 부모 말에 따라야 한다.'는 태도를 갖고 있다면 아이는 하브루타를 또 다른 압력으로 생각해서 입을 여는 것 자체를 힘들어 할 것이다. 자녀를 '존재 자체로 인격적으로 대한다'는 것은 자녀가 무언가 칭찬받을 만한 행동을 해야만 인정해주거나 부모님이 원하는 착한 행동을 해서 인정하는 것이 아니라 자녀를 있는 그대로, 그 자체로 인정해주는 것을 말한다. 내 자녀이기 이전에 자유의지를 가진 객체로, 내 소유물이 아니라 자신의 뜻대로 세상을 살아가길 원하는 한 사람, 실존 자체로 인정해 주는 것이다. 물론 쉽지는 않겠지만 부모라는 이름으로 권력을 행사하려 하지 말고, 동등한 인격체로 대해야만 부모에게 경계 없이 말문을 열게 될 것이다.

두 번째 지켜야 할 원칙은 수용受容이다. 수용의 사전적 의미는 '남의 문물이나 의견 등을 인정하거나 용납하여 받아들이는 것'이다. 수용은 아이가 생각하고 표현하는 모든 것을 비판 없이 받아들이는 것이다. 자녀가 하는 어떤 말이나 행동에는 반드시 타당한 이유가 있을 것이라고 생각하고 인정하며, 용납하여 받아들여야 한다는 것이다. 단, 사회적으로 물의를 일으키거나 타인이나 자신에게 해가 되는 행동까지 무조건, 무비판적으로 허용許容하는 것과 혼동하지는 말아야 한다. 우리는 보통 자녀가 늘 좋은 모습만을 보이기를 바란다. 좋은 감정만 갖고, 좋은 말만 하며, 훌륭한 행동만 하기를 바라는 것이다. 부모도 늘 그런 모습을 보이기 힘들면서 우리 자녀는 성인군자가 되기를 바라는 것이다. 그러나 우리는 어떤 사람도 희로애락喜怒哀樂 - 기쁨, 노여움, 슬픔, 즐거움에서 자유로울 수 없다. 그럼에도 우리는 아이가 기쁨, 즐거움을 표현 할 때는 수용하지만 슬픔, 노여움을 표현하면 수용하기 힘들어진다.

'내 아이를 위한 감정코칭'의 저자 최성애 박사는 우리의 감정에 좋고 나쁜 것은 없으며 모든 감정은 허용해주되, 자녀가 보이는 행동에는 명확한 한계를 긋고 바람직한 행동으로 이끌어야 한다고 말한다. 여기서 '모든 감정을 있는 그대로 받아들여 주는 것'이 수용이다. 부모가 비판 없이 자녀의 감정을 받아주면 자녀는 부모를 신뢰하면서 어떤 이야기라도 털어 놓게 된다. 세상 모두가 받아주지 않더라도 부모는 전적으로 자녀를 신뢰하며 있는 그대로 받아 줄 수 있어야 한다. 우리 자녀가 나와의 대화를 꺼려한다면 자녀를 비판 없이 수용해주고 있는지 점검해 보면 좋을 것이다.

자녀의 마음 문을 여는 하브루타를 위해 지켜야 할 원칙 세 번째는 몇 가지 금지 사항이다. 지난 10년 대화법 전문 강사로서 전국 학부모님을 만나며 자녀와의 대화에서 절대 쓰면 안 될 걸림돌로 명령, 충고, 비난, 조롱, 비교, 무시, 경멸 등에 대해 말해 왔다. 가정에서 자녀와 소통을 위해 하브루타를 하려면 이런 걸림돌들을 제거해야 한다. 물론 앞서 말한 존중과 수용이 이루어진다면 자연스럽게 걸림돌은 제거 될 것이다. 부모는 절대자이고 자녀는 순응해야 한다는 생각을 갖고 있는 부모라면 수시로 명령과 충고로 자녀에게 강요와 설득을 하고 있을 것이다. 자녀를 하나의 인격체로 존중하지 않는 부모는 자녀의 의사와 의지는 중요하지 않고, 절대자인 부모의 말을 일방적으로 들어야 하는 존재로 생각하기 때문에 자녀가 자기 의지대로 하겠다고 고집을 부리면 명령, 충고를 넘어서서 비난, 조롱, 비교, 무시 그리고 심지어는 경멸하는 말을 퍼붓기도 한다.

어느 순간부터 부모에게 지속적으로 이런 말들을 들어온 자녀가 부모와 즐겁게 하브루타를 할 리 만무하다. 자녀와 마음 문을 열고 유대인 부모와 자녀처럼 하브루타를 하기 원한다면, 위에 열거한 소통의 걸림돌들을 하나 둘씩 제거하고 자녀를 인격체로 존중하며 있는 그대로 수용하는 태도를 갖길 바란다. 명심할 것은 자녀의 마음 문을 여는 지름길은 '대화 방법'이 아니라 자녀를 대하는 이런 기본 마음가짐과 태도라는 점이다. 자녀가 자기가 겪은 하루 일과를 부모에게 참새처럼 지저귀며, 때론 밖에서 겪은 일로 일어났던 노염을 풀기도 하고 슬픔도 치유되는 가정의 모습. 상상만 해도 즐겁지 않은가?

하브루타로 아이와 대화하며 소통하는 방법

앞서 하브루타로 자녀의 마음 문을 열기 위해 자녀를 대하는 기본 마음가짐과 태도가 중요함을 알아보았다. 자녀를 나와 동등한 인격체로 존중하고 자녀의 감정을 수용하는 부모라면 자녀와 어떤 대화도 가능한 상태가 될 것이다. 이제 드디어 자녀와 즐겁게 하브루타를 할 수 있는 환경이 조성된 것이다. 자녀를 대하는 마음가짐과 태도는 끊임없이 깨어 있으면서 자신을 관찰하며 다져가야 한다. 방심하는 순간 자신도 모르게 걸림돌들이 불쑥 불쑥 튀어나올지 모르기 때문이다. 이제 자녀와 대화를 할 때 어떤 방법으로 소통 하브루타와 실천 하브루타를 하면 좋을지 살펴보자.

 엄마, 나 오늘 선생님한테 혼났어요.

뭐라구? 왜? 뭘 잘못 했길래!

공부시간에 옆 짝하고 이야기를 해서요.

그러니까 왜 공부시간에 선생님 말씀을 안 듣고 딴 짓을 해! 학교에서는 선생님 말씀 잘 듣고 집중하랬잖아.

그게 아니라 엄마…

듣기 싫어! 아이구 진짜 못살아, 요즘 수행평가가 더 중요한 거 아니, 모르니? 이제 어쩔 거야! 생기부에 기록되는 거 아냐?

됐어! 엄마는 내 말도 안 들어보고! 흑흑….

이게 뭘 잘했다고 울어!, 학교에서 떠든 네가 잘못이지. 어디다 대고 큰 소리니?

……

무슨 일인데! 말해야 알지

됐어! 엄마가 들어보려고나 했어?

(아이는 제 방으로 들어가 문을 쾅 닫아버린다.)

너, 알아서 해! 이따 아빠 오시면 크게 혼 날 줄 알아!

이 가정의 부모와 자녀의 대화는 대화라고 볼 수가 없다. 자녀가 어떤 상황에 처했었는지, 지금 아이가 어떤 심정인지, 어떤 감정 상태인지 읽어주기는 커녕 당장 눈에 보이는 현상에만 집중해 엄마는 아이와 담을 쌓아가고 있다. 아마 위의 사례를 읽으면서 속이 '뜨끔' 하는 분도 있을 것이다. 부모들은 왜 이렇게 듣지도 않고 화부터 내는 것일까? 이 때 부모의 속마음은 어떤 것일까? 물론 부모의 마음은 자녀가 학교나 사회에서 인정받고 훌륭하게 자라기를 바랄 것이다. 그 기대가 크다보니 자신은 불완전한 인간이면서도 자녀는 완벽하기를 바라게 되는 것이다. 그러나 그런 기대가 아이와 부모 사이를 멀어지게 만든다. 자녀와 어떻게 하브루타를 실천할까?

아이의 말을 존중하고 경청하라

소통이 잘 이루어지려면 앞서 말한 대로 자녀를 존중하는 마음가짐과 태도로 자녀의 말을 '경청(傾聽)'해야 한다. '경청'의 사전적 정의는 '귀를 기울여 듣는 것'이다. 경청의 '경(傾)'은 '(몸을)기울이다, (마음을)기울이다'라는 뜻이고 '청(聽)'은 '듣다, 들어주다'라는 뜻인데 파자를 해놓고 보면 뜻이 기가 막히다. '왕(王)'이 하시는 말씀을 큰 귀(耳)와 열 개(十)의 눈(目)으로 온(一) 마음(心)을 다해 들어라' 라는 뜻으로 풀이할 수 있기 때문이다. 그러니 경청(傾聽)은 몸과 마음을 기울여 왕처럼 귀한 분이 하시는 말씀을 귀와 눈을 열고 온 마음 다해 듣는 것이라고 할 수 있겠다. 경청이 어려운 사람은 한자의 뜻을 음미하며 경청하도록 노력 하면 도움이 될 것이다.

소통 하브루타의 핵심은 경청하는 자세로 우선 자녀가 하는 말을 듣고 나서, 질문으로 자녀가 스스로의 문제를 해결하도록 돕는 것이다. 유대인 부모들은 자녀가 어떤 문제를 이야기 하면 즉답을 하지 않고 자녀의 이야기 속에서 핵심적인 내용을 찾아 질문을 던진다. 이 책의 뒷부분에 나오는 쉬운 하브루타 놀이 중 꼬꼬질 놀이를 참고해서 계속 질문과 답변을 이어 가면서 자녀 스스로 해답을 찾아가도록 돕는 것이다. 위의 사례로 소통 하브루타를 해보면 이런 대화가 오가게 되지 않을까?

엄마, 나 오늘 선생님한테 혼났어요.

저런 놀랐겠구나! 무슨 일이 있었니?

공부시간에 옆 짝하고 이야기를 해서요.

우리 민정이가 수업중이지만 꼭 할 이야기가 있었나보네?

네. 제 짝 수정이가 방금 들은 내용이 이해가 잘 안 된다고 해서요.

아 그랬구나. 그래서 뭐라고 이야기 했지?

나도 이해가 잘 안 되니 설명 끝나면 여쭤보자고 말했는데, 선생님이 수업 도중에 이야기해서 분위기 흐렸다고 야단 치셨어요.

저런! 그랬구나 억울했겠네?

네. 그래서 속상해서 질문도 하지 않았어요. 우리 선생님은 들어 보지도 않고 화부터 내시고….

정말? 엄마라도 속상했겠다. 그래서 이해 안 된 부분은 어떻게 했어?

친구랑 쉬는 시간에 풀어봤는데, 그래도 이해가 안 되서 그냥 왔어요~.

아… 그래? 그럼 모르는 문제는 어떻게 하면 좋을까?

엄마랑 함께 풀어보고 그래도 해결 안 되면 내일 선생님 찾아가서 먼저 말씀드려 보려구요.

와! 그럼 오해도 풀리고 문제도 풀리겠네?

그래 볼게요, 엄마. 내일 선생님 찾아가 꼭 말씀드리고 문제도 여쭤볼래요.

우리 민정이 마음도 넓고 스스로 문제 해결도 잘하는구나! 정말 기특하다.

고마워요 엄마, 엄마랑 이야기 하면 문제가 스르르 풀리는 것 같아요. 히힛.

　같은 문제로 시작된 대화가 이렇게 판이하게 다른 결과를 가져오는 것이 신기하지 않은가? 부모님 대상으로 강연할 때 이런 대화 사례를 보여드리면 이런 대화는 책에나 나오는 이야기 아니냐고 묻는 분들도 있다. 유대인들은 자녀를 인격체로 존중하며 늘 자녀에게 위와 같이 질문을 던져 자녀 스스로 자신의 문제를 해결하도록 이끈다. 이렇게 자녀와 함께 소통 하브루타를 하다보면 인내와 배려, 존중과 수용, 공감과 사랑이 넘치는 가정이 될 것이고 자신의 문제를 스스로 해결하게 돼서 자존감 높고 문제해결력과 포용력을 갖춘 아이로 성장하게 될 것이다. 그래도 최근에는 이 정도의 대화는 너무 당연히 하고 계신 부모님들이 늘고 있어 다행이다.

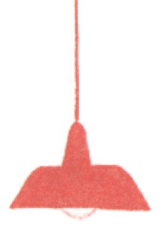

자녀와의 갈등을 해결하는
'실천 하브루타' 방법

앞서 자녀가 외부에서 문제를 안고 오는 경우, 소통 하브루타로 문제 해결하는 방법을 알아보았다. 그런데 자녀와 부모 사이에 갈등이 일어나는 경우에는 어떻게 현명하게 그것도 하브루타로 문제를 해결할 수 있을까? 예를 들어 자녀가 컴퓨터 게임을 많이 해서 부모와 갈등을 빚는 경우 화내지 않고 어떻게 하브루타로 문제를 해결하면 좋을지 알아보자.

1단계 | 문제정의

평화로운 상태에서 갈등 요인이 무엇인지 정의한다. "컴퓨터 게임."

2단계 | 대안제시

A4 용지를 한 장 꺼내고 다음 표와 같이 서로의 의견을 있는대로 기록한다. 이때, 어떤 의견이든 수용하는 것이 중요하다. 부모의 입장에서 자녀가 낸 의견에 대해 옳고 그름을 이야기 하면 자녀는 다시 강요를 받는 느낌을 갖게 되기 때문이다.

컴퓨터 게임 - 하브루타 사례

	의견	아이	엄마	비고
1	게임먼저, 끝나고 학교숙제			
2	학교숙제먼저, 게임1시간			
3	게임은 절대금물			
4	주말에만 게임			
5	내 마음대로 한다			
6	컴퓨터를 없앤다			
7	주말 3시간			
8	숙제먼저, 게임 2시간			
9	⋮			
10	⋮			

3단계 | 대안평가

제시된 의견에 대해 하나씩 평가한다. 평가는 공평하게 두 사람 모두 하는데, 각자 절대 수용하기 어려운 의견은 X, 수용하고 싶은 의견에는 O, 이 정도면 수용할 수 있겠다 싶은 의견에는 △를 그려 넣는다.

4단계 | 대안선택

그런 다음 둘 다 수용하는 'O, O'가 나온 의견이 있다면 채택을 한다. 갈등이 있는 문제이기 때문에 둘 다 O가 나오기는 어려울 것이다. 'O, O'가 없다면 'O, △'가 나온 의견을 채택한다. 'O, X'만 있다면 X중에 그래도 수용할 수 있는 것을 △로 바꿀 시간을 갖는다.

5단계 | 실천&점검

선택한 의견대로 일주일 동안 실천해본다. 일주일 후 다시 회의 시간을 갖고 선택했던 대안대로 잘 지켜졌는지 평가를 한다. 잘 지켜지고 있다면 그대로 다시 한 달 동안 실천해보고 다시 점검하고 만약 잘 지켜지지 않고 있다면 다시 처음부터 시작한다.

컴퓨터 게임 - 하브루타 실천&점검

	의견	아이	엄마	비고
1	게임먼저, 끝나고 학교숙제	○	×	
2	학교숙제먼저, 게임1시간	×	○	
3	게임은 절대금물	××	○	
4	주말에만 게임	×	○	
5	내 마음대로 한다	○	××	
6	컴퓨터를 없앤다	×××	×	
7	주말 3시간	○	×	
8	숙제먼저, 게임 2시간	△	○	v
9	⋮			
10	⋮			

이렇게 자녀와 함께 문제정의 → 대안제시 → 대안평가 → 대안선택 →
실천 → 점검 과정을 반복하면서 실천 하브루타를 적용하면 자녀도 자신이
선택한 대안이기 때문에 책임감을 갖고 지키려 노력하게 되고 갈등 상황에
서도 부모와 자녀 관계를 망치지 않고 평화롭게 유지할 수 있게 된다.

질문은 우리의 삶에서 차이를 만들어내고
미래를 바꾸는 강력한 힘을 갖고 있다.
누군가로부터 질문을 받거나 스스로 질문을 하면
잠재의식 속에 그 질문이 계속 남아있게 됨으로써
지속적으로 생각하고 행동하게 된다.
결국 인간은 질문을 던지는 방향으로 발전해
나가기 때문에 현재 어떤 질문을 하느냐에 따라
미래가 달라지는 것이다.

Part2

부모와 아이 사이, 신뢰와 친밀감 높이기

아이를 웃게 만드는 재미있는
몸풀기 놀이와 게임

4차 산업혁명 시대 다매체 환경에서 자라는
아이들과 하브루타를 하려면,
우선 부모와 즐겁게 하브루타를 하고 싶은 마음이 생겨야 한다.
아이들의 특성상 몸을 활용하여 에너지를 돋우고
즐겁게 웃을 수 있는 환경을 조성해 주는 것은 정말 중요하다.
가장 좋은 방법은 아이들과의 몸놀이를 통해 친밀감을 높이는 것이다.
먼저 엄마나 아빠가 익혀 시범을 보이며
하브루타 하기 전 활동으로 하면 좋다. 익숙해지면 아이들이 생각한
다른 몸놀이를 해도 좋다. 아이와 집에서 몸놀이와 게임으로
흥겨운 분위기를 만들 수 있는 몇 가지 유용하고 재미있는 놀이를 소개한다.

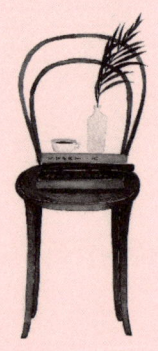

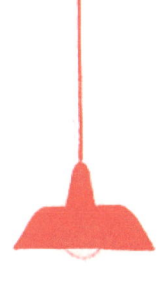

집중력이 향상되는
팔 꽜다펴기(개인 활동)

우선 양 팔을 앞으로 꽜다가 안쪽으로 감아서 펴면서 고개를 뒤로 젖히고 입을 벌린 후에 '아~' 소리를 내는 스트레칭을 한다. 스트레칭은 목과 어깨, 등의 뭉친 근육을 풀어주는 데 효과가 있으며, 집중력 향상에도 도움이 된다. 이번에는 스트레칭 동작을 응용해서 주의집중력과 관찰력을 알 수 있는 '센스 테스트'를 해 본다. 팔 꽜다펴기를 좀더 빠른 속도로 몸 쪽으로 원을 그리듯이 하게 되면 따라하기가 조금 어렵다. 이때 어떻게 하면 쉽게 팔을 펼 수 있는지 알려주면 의문이 풀리면서 기뻐한다. 이번에는 약간의 트릭을 써서 팔을 꼬는 척 하며 팔 꽜다 펴기를 한다. 마치 마술을 부리는 것처럼 신기해 하다가 비밀을 알려주면 별 것 아니었다는 걸 알게 되면서 웃게 된다.

팔꽜다펴기 따라하기

❶ 양팔을 앞으로 꽜다가 앞쪽으로 감는다.

❷ 안쪽으로 감아 편다.

❸ 최대한 펴면서 고개를 뒤로 젖히고 입을
벌린 후, '아 〜' 소리를 낸다.

감정 교류에 좋은
주먹탑 쌓기(짝 활동)

　　짝 활동은 아빠(엄마)와 아이 또는 아이끼리 두 명씩 짝을 짓고 각자 양
손 주먹을 쥐고 상대방의 주먹 사이에 끼워서 주먹탑을 만든다. 그리고 사
회자 역할을 맡은 아빠(엄마)가 '올리고'라고 말하면 맨 밑에 있는 주먹을 맨
위로 올리고, '내리고'라고 말하면 맨 위에 있는 주먹을 맨 아래로 내리는 연
습을 한다. 연습을 몇 번 한 후에 본격적인 게임을 시작한다. 주먹을 올리고
내리다가 '덮어'라는 구령을 하면 각자 두 손 중에서 밑에 있는 손을 먼저 빼
서 맨 위에 덮는 사람이 이긴다. 이때 위에 있는 손을 빼서 덮으면 반칙으로
지게 된다. 양손을 오르락 내리락 하다가 '덮어'라는 구령이 떨어졌을 때 맨
위에 손을 덮어야 하기 때문에 헷갈리지 않도록 주의해야 한다. 간단한 게
임이지만 웃고 즐기면서 라포(두 사람 사이에서 신뢰와 친근감이 쌓여 감정 교류가
된 상태)를 형성하는 데 효과적이다.

주먹탑 쌓기 따라하기

❶ 1단계(주먹탑 쌓기) : 두 명씩 짝을 짓고 각자 양손 주먹을 쥐고 상대방의 주먹 사이에 끼워서 주먹 탑을 만든다.

❷ 2단계(올리고 내리고 연습하기) : 사회자 역할을 맡은 아빠(엄마)가 '올리고'라고 말하면 맨 밑에 있는 주먹을 맨 위로 올리고, '내리고'라고 말하면 맨 위에 있는 주먹을 맨 아래로 내리는 연습을 한다.

❸ 3단계(밑에 손을 맨 위에 먼저 덮기) : 주먹을 올리고 내리다가 '덮어'라는 구령을 하면 각자 두 손 중에서 밑에 있는 손을 먼저 빼서 맨 위에 덮는 사람이 이긴다.

감정 교류에 좋은
함께 콕콕콕(그룹 활동)

그룹 활동도 가족 중에 사회자 역할을 하는 사람이 한 명 있으면 좋다. 3명 이상의 가족 모두 둘러 앉아 각자 왼손은 손바닥을 펴고, 오른손은 검지(두 번째 손가락)만 편다. 그리고 옆 사람 왼손 바닥에 자신의 오른손 검지를 올려놓는다. 이어서 사회자의 '콕콕콕' 소리에 맞춰서 옆 사람의 건강 증진을 위해 손바닥 가운데 있는 중요한 혈 자리를 검지로 자극해 준다. 몇 번 연습을 하다가 본격적인 게임에 들어간다. '콕콕콕' 소리를 들으며 옆 사람의 손바닥을 자극하다가 '잡아'라는 구령이 떨어지면 옆사람의 손바닥을 찌르고 있던 자신의 오른손 검지는 잡히지 않게 얼른 빼내야 하고, 펼치고 있던 왼손은 옆 사람의 검지를 잡아야 한다. 이때 '잡아'라는 구령 말고 다른 말에 상대방의 검지를 잡거나 오른손 검지를 잡히지 않으려고 빼면 반칙이다. 언제 어디서든 재미있고 즐겁게 라포를 형성하는 데 효과적이다.

함께 콕콕콕 따라하기

❶ 3명 이상의 가족 모두 둘러 앉아 각자 왼손은 손바닥을 펴고, 오른손은 검지(두 번째 손가락)만 편다. 그리고 옆 사람 왼손 바닥에 자신의 오른손 검지를 올려놓는다.

❷ 사회자의 '콕콕콕' 소리에 맞춰서 옆 사람의 건강 증진을 위해 손바닥 가운데 있는 중요한 혈 자리를 검지로 자극해 준다.

❸ '콕콕콕' 소리를 들으며 옆 사람의 손바닥을 자극하다가 '잡아'라는 구령이 떨어지면 옆사람의 손바닥을 찌르고 있던 자신의 오른손 검지는 잡히지 않게 얼른 빼내야 하고, 펼치고 있던 왼손은 옆 사람의 검지를 잡아야 한다.

에너지를 불어 넣는
8박자 박수(개인, 짝, 그룹 활동)

8박자 박수는 8박자 구호에 맞춰서 박수를 치는 활동이다. 우선 8글자로 된 구호를 정한다. 예를 들어 '된다 된다 나는 된다'로 개인 활동부터 해본다. 먼저 어떻게 하는지 시범을 보인 후에 다시 한 번 각자 하면 된다. 박수치는 순서는 한 글자씩 말하고, 두 글자씩 말하고, 네 글자씩 말하고, 여덟 글자를 한꺼번에 말하면 된다. 이때 '박수 준비'라고 말하면 '얍'이라고 외치고, 박수가 끝날 때도 '얍'이라고 외치면서 에너지를 불어넣으면 더욱 좋다. "'된다 된다 나는 된다'로 8박자 박수를 쳐보자.

· 1단계 : '박수 준비!', '얍!'
· 2단계 : '박수 시작!', '된(짝)', '다(짝)', '된(짝)', '다(짝)', '나(짝)', '는(짝)', '된

(짝)', '다(짝)'

· 3단계 : '된다(짝짝)', '된다(짝짝)', '나는(짝짝)', '된다(짝짝)',

· 4단계 : '된다된다(짝짝짝짝)', '나는된다(짝짝짝짝)', '된다된다나는 된다(짝
짝짝짝짝짝짝짝)', '얍!'

이어서 '된다 된다 너는 된다'로 짝 활동을 해 본다. 8박자 박수 활동 방
법은 개인 활동과 비슷하며 박수를 칠 때 상대방과 손뼉을 마주 친다는 것
이 조금 다르다. 끝으로 '된다 된다 우린 된다'로 그룹 활동도 해 본다.

8박자 박수 활동 방법은 개인(짝) 활동과 비슷하며 박수를 칠 때 양쪽에
있는 사람과 손뼉을 마주 친다는 것이 조금 다르다. 분위기를 고조시키는
데 효과적인 활동이다.

8박자 박수 따라하기

❶ 1단계 : '박수 준비!', '얍!'

❷ 2단계 : '박수 시작!', '된(짝)', '다(짝)', '된(짝)', '다(짝)', '나(짝)', '는(짝)', '된(짝)', '다(짝)'

❸ 4단계 : '된다된다(짝짝짝짝)', '나는된다(짝짝짝짝)', '된다된다 나는된다(짝짝짝짝짝짝짝짝)', '얍!'

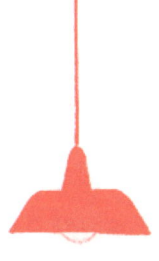

두뇌를 활성시키는
3분 스트레칭(개인 활동)

    3분 스트레칭은 두뇌를 활성화시키고 집중력 향상에 도움이 되는 체조로써 5가지 동작으로 구성되어 있다. 한꺼번에 활용하지 말고 하브루타 하기 전에 하나씩 해보면 좋다.

    첫 번째 집중력 체조는 어릴 때 많이 했던 '도리도리 곤지곤지'이다. 먼저 바른 자세로 앉아서 고개를 왼쪽으로 돌렸다가 원 위치한다. 이번에는 오른쪽으로 돌렸다가 다시 원 위치한다. 그다음 왼쪽과 오른쪽 중에서 불편하다고 느껴지는 쪽 손을 들게 한다. 이때 별 차이가 없다면 평소에 안 쓰는 쪽 손을 들면 된다. 위로 든 손은 검지(두번째 손가락)를 뾰족하게 만들고 다른 손은 손바닥을 펴서 하늘로 향하게 한다. 10초 동안 자신이 할 수 있는 가장 빠른 속도로 손바닥을 내리 쳐보자. 보통 40회~50회 정도 할 수 있다.

두 번째 집중력 체조는 역시 어릴 적 많이 했던 '잼잼' 놀이다. 양 손바닥을 펴고 어깨 넓이만큼 벌린 후에 얼굴 옆으로 오게 한다. 10초 동안 자신이 할 수 있는 가장 빠른 속도로 '손가락 오므렸다 펴기'를 반복하도록 한다. 보통 40회~50회 정도 할 수 있다. 마치 경쟁이라도 하듯이 10초간 열심히 손을 오므렸다 펴다보면 건강증진에도 도움이 된다. 먼저 '잼잼'이라고 알려주지 말고 "이건 무슨 게임일까?"라고 물어 본 뒤 '잼잼'이라고 알려주면 신기해하며 재미있어 한다.

세 번째 집중력 체조는 우리 뇌를 아주 맑게 해주는 '손끝 박수'이다. 열 손가락을 쫙 벌린 상태로 양손을 가슴 쪽에 위치시키고 어깨 넓이만큼 벌려보게 한다. 10초 동안 자신이 할 수 있는 가장 빠른 속도로 손끝 박수를 치게 한다. 보통 40회~50회 정도 할 수 있다. 몇 회나 쳤는지 물어보면 흥분된 어조로 많이 쳤음을 자랑스러워 할 것이다.

네 번째 집중력 체조는 '손가락 깍지 꼈다 펴기'이다. 양손을 뒤집어서 깍지를 낀 후에 몸 쪽으로 가만히 모았다가 천천히 펴는 동작을 3번 정도 한다. 이때 눈을 감고 심호흡을 하면 더욱 효과적이다.

다섯 번째 집중력 체조는 '손가락 스트레칭'이다. 오른손을 쭉 펴서 왼손으로 새끼손가락부터 하나씩 몸 쪽으로 3~5초 정도 당기면서 스트레칭을 하면 된다. 이때 너무 세거나 약하지 않게 당기는 느낌이 날 정도의 강도로 반동을 주지 않는 게 좋다. 열 손가락을 모두 스트레칭 한 후에 마지막으로 양손을 털어주면 된다.

3분 스트레칭 따라하기

❶ 첫 번째 집중력 체조 : 도리도리 곤지곤지

바른 자세로 앉아서 고개를 왼쪽으로 돌렸다
가 원 위치한다. 이번에는 오른쪽으로 돌렸다
가 다시 원 위치한다.

❷ 두 번째 집중력 체조 : 잼잼놀이

양 손바닥을 펴고 어깨 넓이만큼 벌린 후에
얼굴 옆으로 오게 한다. 10초 동안 자신이
할 수 있는 가장 빠른 속도로 '손가락 오므렸
다 펴기'를 반복하도록 한다.

❸ 세 번째 집중력 체조 : 손끝 박수

손가락을 벌린 상태로 양손을 가슴 쪽에
위치시키고 10초 동안 손끝 박수를 친다.

의욕 호르몬을 높이는
히어로(영웅) 자세(개인 활동)

「프레즌스」의 저자 에이미 커디(Amy Cuddy)는 '당신의 신체 언어가 자신의 모습을 결정한다'는 주제로 TED 강연을 했는데, 조회수 3,000만이 넘는 폭발적인 인기를 얻었다. 그녀는 시험장이나 면접장, 오디션장, 발표대회, 소개팅, 강연 무대, 촬영 현장에서 단 2분 동안 힘 있는 히어로(히로인)로 변신하는 비결과 우울증이나 대인기피증, 공황장애 등 정신질환 증상을 효과적으로 줄이는 비결을 소개하고 있다. 원리는 간단한데, 히어로가 취하는 자세를 따라하면 의욕 호르몬인 테스토스테론을 높이고, 스트레스 호르몬인 코티졸을 낮출 수 있다는 것이다. 예를 들어 슈퍼맨 자세(팔짱 끼기)나 원더우먼 자세(허리에 손 얹기), 우승 세레머니 자세(양팔 벌리고 환호하기-사진), 사장님 자세(책상에 다리 꽈서 걸치고 양팔을 머리 뒤로 젖히기), 독립 만세 자세(양팔을 펴면서 하늘로 치켜 올리기) 등이 효과적이다. 어떤 수학자가 강연 중에 어려운 질문을 받자 갑자기 바닥에 대자로 누워서 3분 동안 생각한 후에 정답을 떠올린 에피소드가 있는데, 이것도 비슷한 원리라고 할 수 있다. 걱정이 있거나 스트레스를 받았을 때처럼 고개를 숙이거나 몸을 움츠리면 스트레스 호르몬인 코티졸을 증가시키므로 기쁨과 환희에 차 있을 때처럼 고개를 들고 몸을 쫙 펴서 의욕 호르몬인 테스토스테론을 증가시키면 호랑이 기운을 샘솟게 할 수 있다.

의욕 호르몬을 높이는 히어로 자세 따라하기

슈퍼맨 자세   원더우먼 자세

우승 세레머니 자세와 사장님 자세

독립 만세 자세

뇌를 자극하는
발구르며 박장대소 (개인 활동)

　　캐나다 신경외과 의사 와일드 펜필드 박사는 뇌와 신체 각 부위 간의 연관성을 지도로 만든 '호문쿨루스(Homunculus)'를 발표했다. 펜필드 박사는 우리 뇌가 제2의 뇌라 불리는 '손', 몸 밖으로 나온 뇌라 불리는 '입(혀)', 제2의 심장이라 불리는 '발'의 영향을 가장 많이 받는다면서 뇌를 발달시키고 활성화시키려면 '손과 입, 발'을 많이 사용하라고 말한다. 펜필드 박사의 호문쿨루스는 뇌 과학적으로도 근거가 있다. 한국인의 평균 IQ가 세계 1위인 이유는 손을 사용하는 쇠 젓가락 문화 때문이고, 유대인이 전 세계에서 노벨상을 가장 많이 받는 이유는 입을 많이 사용하는 하브루타 토론 문화 때문이며, 그리스 소요학파의 철학자들이 뛰어난 통찰력과 지혜를 발휘했던 이유는 걸으면서 대뇌 네트워크를 활성화 시켰기 때문이라는 것이다. 앉은 자리에서 아주 쉽게 '손과 입, 발'을 자극하는 방법이 바로 '발구르며 박장대소'하는 것이다. 먼저 '하하하' 소리를 내면서 웃다가 박수를 치면서 웃고, 나중에는 발까지 구르면서 박수를 치며 큰 소리로 웃으면 된다. 짧은 시간에 뇌를 엄청나게 자극할 수 있는 방법이라 적극 추천한다.

발구르며 박장대소 따라하기

자녀의 마음 문을 여는 하브루타를 위해
지켜야 할 원칙이 있다.
내 자녀이기 이전에 자유의지를 가진 객체로,
내 소유물이 아니라 자신의 뜻대로 세상을
살아가길 원하는 한 사람, 실존 자체로
인정해 주는 것이다. 물론 쉽지는 않겠지만
부모라는 이름으로 권력을 행사하려 하지 말고,
동등한 인격체로 대해야만 부모에게 경계 없이
말문을 열게 될 것이다.

Part3

게임과 놀이로 즐겁게 시작하는

일상 하브루타

부모가 꼭 알아야 할
하브루타 기본 원칙

'일상 하브루타'란 가정이나 학교, 커뮤니티 등 일상에서 하브루타를 실천하는 것을 말한다. 자기 전에 책을 읽어주거나, 밥을 먹으면서 대화를 나누거나, 함께 게임이나 놀이를 하거나, 가족끼리 외식이나 쇼핑, 여행을 하거나, 신문이나 TV를 보거나, 교통질서나 예의범절을 지키지 않는 사람을 볼 때도 하브루타가 가능하다. 즉, 언제, 어디서, 어떤 주제를 갖고 대화를 나누든지 하브루타가 되는 것이다. 수다의 수준을 조금만 높이면 하브루타가 된다고 생각하면 쉽다.

처음에는 아이들이 질문 만들기를 어려워하므로 주로 부모가 하지만, 먼저 아이들에게 질문할 기회를 주는 것이 바람직하고 점차 아이들이 하는 질문으로 토론을 해나가도록 한다. 질문은 아무리 단순한 것이라도 진지하게 듣고 답변을 하거나 다시 질문을 던진다.

하브루타를 할 때는 기본적으로 지켜야 할 세 가지 약속을 명심해야 한다. 첫째, 상대방을 인격적으로 '존중'한다. 둘째, 어떤 생각이든 긍정적으로 '수용'한다. 셋째, 명령이나 충고, 비난, 비교, 무시, 조롱 등은 '금지'한다.

원활한 하브루타를 위한 7가지 팁도 알아두면 유용하다. 첫째, 하브루타 주제를 확인한다. 둘째, 한 사람이 먼저 질문을 하면서 하브루타를 시작한다. 셋째, 상대방(짝)은 자기 생각을 말하고, 다시 상대방에게 질문을 한다. 넷째, 상대방(짝)도 자기 생각을 말하고, 다시 상대방에게 질문을 한다. 다섯째, 탁구를 치듯이 서로 '생각+질문'을 주고 받으며 하브루타를 이어나간다. 여섯째, 두 사람이 협의해서 주제에 대한 합의안을 도출한다. 일곱째, 도출된 합의안대로 적용하고 실천한다.

가정에서 아이와 함께 일상 하브루타를 할 때 몇 가지 유의사항이 있다. 먼저 부모가 아니라 아이의 관심사에서부터 시작해야 한다는 것이다. 그러려면 평소 아이가 무엇을 좋아하는지, 어떤 때 즐거워하는지, 무엇을 할 때 수다스러워지는지를 유심히 관찰할 필요가 있다. 아이가 자연스럽게 이야기를 나눌 준비가 되었을 때가 바로 '진실의 순간(The Moment of Truth, MOT)' 이다.

자녀와 하브루타를 할 때는 장기적인 변화와 습관에 초점을 맞추어야 한다. 지금 당장 질문과 대화, 토론, 논쟁을 잘하는 것도 좋은 일이지만 기회가 있을 때마다 조금씩 하브루타를 실천해서 기쁜 마음으로 하브루타를 즐기게 도와주는 것이 좋다. 그러려면 나름의 목표나 기준을 세워놓고 아이를 거기에 맞추려는 욕심을 내거나 아이를 억지로 끌고 가서는 곤란하다. 모든 일이 그렇겠지만 '무엇을, 어떻게'보다 '왜 하브루타를 하는가?'가 더 중요하다.

결국 하브루타의 성패도 아이의 손에서 결정된다. 내가 아무리 좋다고 떠들어봐야 아이가 싫어하거나 따라주지 않으면 아무 소용이 없다. 괜히 과도한 욕심을 부리다가는 지금까지 그래왔듯 안 좋은 추억(?)만 하나 더 추가하는 일이 되고 말 것이다. '말을 물가에 데려갈 수는 있지만 물을 먹는 것은 말의 문제다.'라는 말을 명심하고, 주어진 여건과 환경에서 최선의 도움을 주면 된다는 생각을 가질 필요가 있다. 그래야 아이도 행복하고, 부모도 행복한 하브루타가 가능할 것이다.

일상 하브루타 사례 1

CCTV로 할 수 있는 일

◆

엄마와 아이가 식탁에서 아침을 먹고 있었다.

- 🧑‍🦰 오늘 오전에 수업을 하는 동안 동생은 할머니 집에 있을 거야.
- 🧑 코이는 좋겠다. TV를 마음껏 볼 수 있어서.
- 🧑‍🦰 코이는 너랑 같이 있지 않으면 TV 안 보고 혼자 잘 노는데?
- 🧑 지난 번에 내가 수업갔다 왔더니 TV 보고 있던데?
- 🧑‍🦰 혼자 놀고 있다가 니가 올 때쯤 TV를 보기 시작했겠지.
- 🧑 에이, 거짓말! 계속 TV를 보고 있었어.

니가 그걸 어떻게 아니?

우주선 타고 하늘에서 보면 다 보여.

우주선에서는 아파트만 보이고 집 안의 모습은 안 보이는데?

???

혹시 집 안의 모습을 볼 수 있는 방법이 뭔줄 아니?

???

혹시 CCTV라고 아니?

응, 알아. 도둑이 물건 훔쳐가지 않는지 살펴보는거.

그래 맞아. 할머니 집에도 CCTV가 있으면 코이가 뭐하고 있는지
밖에서도 알 수 있겠다. 그치?

그러게. 코이가 코 파는 것도 보일 거야.

CCTV로 할 수 있는 게 또 뭐가 있을까?

잘 모르겠는데.

그럼 생각나면 얘기해 줄래?

(잠시후)

직원들이 일을 제대로 하고 있는지 살펴볼 수 있어.

그렇구나. 또 뭐가 있을까?

동물들이 우리에서 도망가나 안 가나 알 수 있어.

그렇네. 또 생각해 볼래?

머리 아파. 그만 할래.

그래 나중에 또 생각나면 말해줘. 궁금해서 물어보는 거니까.

응, 알았어.

하브루타를 놀이처럼

"아이의 자유 본성에 기초한 놀이를 중단시키고서는 제대로 학습이 일어날 수 없다"

— 〈서머힐〉의 저자 A. S. 나일

아침 일찍 일어나 뭐하고 놀지부터 고민하고, 틈만 나면 놀아달라며 조르고, 밤늦게까지 신나게 놀아서 피곤한 데도 더 놀고 싶다며 떼를 쓰는 것이 보통 아이들의 모습이다. 이런 아이들을 보면서 머릿속이 온통 '놀이'로 가득 찬 것 같다는 생각이 들 때가 많다. 도대체 왜 아이들은 그토록 놀이에 집착하는 것일까?

아이들의 삶은 '놀이(플레이)와 공상(판타지)'으로 이루어져 있다. 그래서 놀이가 곧 배움(공부)이다. 그런데 어른들에 의해 놀이와 공부를 분리시키게 되면서 마음에 큰 상처가 생기고, 배움이 재미없어진다. 아이들이 재미있게 배우며 즐겁게 공부하려면 그들의 자유 본성에 기초한 놀이를 좀더 많이 교육에 활용해야 한다.

놀이란 '생존을 위한 일과 대립되는 개념으로써, 특별한 목적 없이 재미 때문에 자발적으로 지속하는 행동'을 뜻한다. 놀이에는 몇 가지 특징이 있다. 첫째, 자발적인 것이므로 강제되거나 구속받지 않아야 한다. 둘째, 활동 그 자체가 목적이므로 과정 중심적이다. 셋째, 논리적 정확성이나 엄격한 규칙을 필요로 하지 않는다. 넷째, 가능성이 존중되며 주관적 평가 기준이 중요하다. 다섯째, 부담감이 없어야 한다. 여섯째, 자유롭게 표현할 수 있어야 한다. 일곱째, 그 자체로 즐거워야 한다.

놀이의 효과는 다양하다. 아이들에게 즐거움을 주고, 집중을 통해 몰입할 수 있게 하며, 성취감과 자아 존중감을 높이고, 스트레스를 줄이며, 정서적 안정감을 갖게 한다. 문제해결 능력을 향상시키고, 자연스럽게 앎의 지평을 넓히며, 다양한 신체 감각을 발달시키고, 더불어 함께 살아가는 삶의 방식을 익히게 한다.

하브루타에도 놀이의 요소가 많이 담겨있다. 자발적으로 이야기를 나누고 싶어 하고, 이야기 나누는 과정 자체에 의미를 두며, 정확한 논리나 엄격한 규칙을 따지지 않고, 어떤 가능성과 아이디어도 적극적으로 수용한다. 각자 재미있고 즐거웠는지가 중요하고, 참여에 대한 부담감이 없으며, 어떤 생각도 자유롭게 표현할 수 있고, 활동 자체를 즐거워하는 경우가 대부분이다. 그런데 하브루타에 포함된 놀이의 요소를 아이들이 제대로 알려면 어느 정도 익숙해지는 시간이 필요하다. 그래서 처음에는 아이들이 일반적으로 생각하는 다양한 놀이를 하브루타에 접목시키는 것이 좋다.

놀이는 아이들의 삶의 중심이자 학습의 기초라고 할 수 있다. 따라서 아이의 배움의 본능을 자극하려면 '그만 놀아라'는 말은 삼가야 한다. 그리고 '뭐하고 놀거니?', '어떻게 하는 놀이야?', '놀면서 어떤 생각이 들었어?', '어떤 걸 상상했니?', '좀더 재미있게 놀 수 있는 방법은 뭐가 있을까?' 등의 질문을 하는 것이 바람직하다. 숨어서 몰래 놀지 않고, 당당하게 놀이를 즐기는 아이들이 많아지면 좋겠다. 그래야 재미있게 배우며 즐겁게 공부할 수 있지 않을까? 그것이 부모나 교사들이 진정으로 바라는 것이 아닐까 한다.

"현대 사회에서 필요로 하는 인재는 놀이와 일을 구분하지 않고 즐기는 사람이다."

— 〈드림 소사이어티〉의 저자 롤프 옌센

일상 하브루타 사례 2

딱지로 덧셈 해보기

◆

아빠와 아이가 거실 테이블에서 간식을 먹고 있었다.

🧑 너가 갖고 놀고있는 딱지가 한 통에 얼마야?

🧑 500원이야.

🧑 한 통에 몇 장이나 들어있어?

🧑 10장.

🧑 그럼 한 장에 얼마씩이야?

🧑 ???

🧑 조금 어려운가 보구나. 다르게 물어볼게. 5,000원이 있으면 딱지를 몇 통이나 살 수 있을까?

🧑 음, 잠깐만.

🧑 그래. 기다릴테니, 생각해봐.

🧑 10통?

🧑 맞아. 그런데 어떻게 생각해 냈니?

🧑 500원에 한 통이니까, 두 통이면 1,000원이고, 다시 두 통을 더하면 2,000원, 다시 두 통을 더하면 3,000원, 다시 두 통을 더하면 4,000원, 다시 두 통을 더하면 5,000원이야.

🧑 그렇게 계산했구나. 참 잘 했는 걸?

🧑 그 정도는 아주 쉽지.

🧑 그럼, 진북이의 수준을 생각해서 조금 더 어려운 문제를 내볼까?

🧑 좋아!

🧑 그럼, 50,000원이 있으면 딱지를 몇 통이나 살 수 있을까?

🧑 ???

🧑 어려운가 보구나. 머릿 속으로만 생각하면 어렵지만 실제로 딱지를 놓아보면 쉽단다.

🧑 보여줘.

자, 딱지 10장을 놓으면 한 통이 되고, 이게 얼마지?

500원.

노랑카드를 한 통이라고 치고, 한 통씩 10세트(노랑카드 10장)를 놓으면 얼마지?

5,000원.

파랑카드를 한 세트라고 치고, 10세트씩 10개(파랑카드 10장)를 놓으면 얼마지?

50,000원

이제 지금까지 놓아본 카드들을 다시 살펴볼까? 5,000원이 있으면 딱지를 몇 통이나 살 수 있지?

10통.

그럼 50,000원이 있으면 딱지를 몇 통이나 살 수 있을까?

10통씩 10개니까, 10, 20, 30, 40, 50, 60, 70, 80, 90, 100. 100통이나 살 수 있네?

그래, 참 잘 했어. 50,000원이 있으면 딱지를 100통이나 살 수 있다구.

우와! 생각만 해도 기분이 좋다.

앞으로 머릿 속으로 생각이 잘 안 날 때는 이렇게 직접 물건을 놓아보거나 그림을 그려보면 쉬워질 거야.

진짜 그런 것 같아.

만약 직접 보거나 그림을 그리지 않고, 머릿속으로만 생각할 수 있다면 더 대단한 일이지.

나도 아빠처럼 그렇게 할 수 있을까?

그럼! 이런 식으로 계속 생각하다 보면 잘 할 수 있을 거야.

아빠가 낸 문제를 맞췄으니 딱지 3통만 사줘.

알았어. 대신 너도 몇 가지 질문에 대답을 더 해줘.

해봐.

딱지 3통을 사려면 얼마가 필요하지?

1,500원.

딱지 3통에 들어있는 딱지는 모두 몇 개지?

30개.

잘 하는데? 그럼 딱지 한 장에 얼마씩이지?

???

생각나면 말해줘.

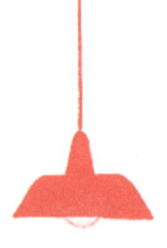

초등생 아이들이 즐거워하는
'게임 하브루타'

계속하자고 조르는 끝말잇기

　　일상 하브루타를 실천할 때는 아이에게 초점을 맞춰서 공통의 대화거리를 만드는 것이 무엇보다 중요하다. 그리고 아이가 하브루타를 하는 것이 아니라 그냥 신나는 게임을 하는 것이라고 인식하면 더 좋다. 요즘 아이들은 게임, 영상, 예능, 오디션 세대이기 때문에 재미있는 게임식 하브루타 방법이 효과적이다. 가장 쉽게 실천할 수 있는 게임식 하브루타 방법은 '끝말잇기 놀이'다. 예를 들면 다음과 같다.

> "강원도의 도를 맨 앞으로 보내면 '도라지', /도라지의 지를 맨 앞으로 보내면 '지렁이', / 지렁이의 이를 맨 앞으로 보내면 '이름표', /이름표의 표

◆ 소방 분야

강좌명	수강료	학습일	강사
소방기술사 전과목 마스터반	620,000원	365일	유창범
[쌍기사 평생연장반] 소방설비기사 전기 x 기계 동시 대비	549,000원	합격할 때까지	공하성
소방설비기사 필기+실기+기출문제풀이	370,000원	170일	공하성
소방설비기사 필기	180,000원	100일	공하성
소방설비기사 실기 이론+기출문제풀이	280,000원	180일	공하성
소방설비산업기사 필기+실기	280,000원	130일	공하성
소방설비산업기사 필기	130,000원	100일	공하성
소방설비산업기사 실기+기출문제풀이	200,000원	100일	공하성
소방시설관리사 1차+2차 대비 평생연장반	850,000원	합격할 때까지	공하성
소방공무원 소방관계법규 문제풀이	89,000원	60일	공하성
화재감식평가기사·산업기사	240,000원	120일	김인범

◆ 위험물 · 화학 분야

강좌명	수강료	학습일	강사
위험물기능장 필기+실기	280,000원	180일	현성호,박병호
위험물산업기사 필기+실기	245,000원	150일	박수경
위험물산업기사 필기+실기[대학생 패스]	270,000원	최대4년	현성호
위험물산업기사 필기+실기+과년도	344,000원	150일	현성호
위험물기능사 필기+실기	240,000원	240일	현성호
화학분석기사 필기+실기 1트 완성반	310,000원	240일	박수경
화학분석기사 실기(필답형+작업형)	200,000원	60일	박수경
화학분석기능사 실기(필답형+작업형)	80,000원	60일	박수경

를 맨 앞으로 보내면 '표주박', /표주박의 박을 맨 앞으로 보내면 '박수', / 박수의 수를 맨 앞으로 보내면 '수박', /수박의 박을 맨 앞으로 보내면 '박 치기', /박치기의 기를 맨 앞으로 보내면 '기마전', /기마전의 전을 맨 앞 으로 보내면 '전쟁', /전쟁의 쟁을 맨 앞으로 보내면 '쟁반', /쟁반의 반을 맨 앞으로 보내면 '반달', 반달의 달을 맨 앞으로 보내면 '달팽이', /달팽이 의 이를 맨 앞으로 보내면 '이간질', 이간질의 질을 맨 앞으로 보내면 '질 경이', /질경이의 이를 맨 앞으로 보내면 '이순신장군(웃음)', /이순신장군 의 군을 맨 앞으로 보내면 '군장병', /군장병의 병을 맨 앞으로 보내면 '병 장', /병장의 장을 맨 앞으로 보내면 '장소', /장소의 소를 맨 앞으로 보내 면 '소리', /소리의 리(이)를 맨 앞으로 보내면 '이쑤시개', /이쑤시개의 개 를 맨 앞으로 보내면 '개구리', /개구리의 리(이)를 맨 앞으로 보내면 '이발 소', /이발소의 소를 맨 앞으로 보내면 '소금', /소금의 금을 맨 앞으로 보 내면 '금반지', /금반지의 지를 맨 앞으로 보내면 '지우개', /지우개의 개를 맨 앞으로 보내면 '개나리', /개나리의 리(이)를 맨 앞으로 보내면 '이삿 짐', /이삿짐의 짐을 맨 앞으로 보내면 '짐꾼', /짐꾼의 꾼을 맨 앞으로 보 내면 '꾼돈(웃음)', /꾼돈의 돈을 맨 앞으로 보내면 '돈방석', /돈방석의 석 을 맨 앞으로 보내면 '석가모니(박수)'

아이와 끝말잇기 게임을 할 때는 '명사로 얘기하기', '한 번 나왔던 단어 는 얘기하지 않기', '글자 수는 제한을 두지 않기' 등의 몇 가지 규칙만 공유 하고 시작하면 된다. 누가 이기는 것보다 재미있게 진행하면서 아이가 좀 더 많은 단어를 생각할 수 있게 도와주는 것이 더 중요하다. 예를 들어 '이 름'이란 단어가 나왔을 때는 '름'자로 시작하는 단어가 없기 때문에 좀더 쉽 게 생각할 수 있는 '이름표'로 바꾸어 주는 것이 좋다. 그리고 '소리'나 '개구리', '개나리' 등 '리'자로 끝나는 단어는 두음법칙을 적용해서 '이'자로 시작해도 된다고 하면 좋다. 만약 모르는 단어나 이상한 단어가 나왔을 때는 스마트폰으로 검색해서 사전에 있는 단어인지, 그 뜻은 무엇인지 살펴본다면 아주 효과적인 어휘 공부가 된다. 사람마다 사용하는 어휘가 다르기 때문에 가끔씩은 할아버지나 할머니, 삼촌, 숙모, 사촌들과 함께 끝말잇기 게임을 하면 더욱 좋다.

하브루타의 방향성은 '사고력 향상'이라고 했다. 아이의 생각을 자극하는 모든 활동은 효과적인 하브루타 방법이다. 특히 끝말잇기나 이야기 만들기, 넌센스 퀴즈, 수수께끼 등은 아이가 무척이나 재미있어 하고, 생각도 많이 하게 되는 활동이기 때문에 하브루타를 처음 시작할 때 활용하면 좋다. 아이가 재미있다며 계속 하자고 조른다면 하브루타를 그만하자고 말려야 할지도 모른다. 이 얼마나 행복한 고민인가?

상상력을 키우는 이야기 만들기 **육하원칙 하브루타**

끝말잇기가 어휘력 향상에 도움이 되는 하브루타 방식이라면 이야기 만들기는 상상력을 향상시키는 데 도움이 되는 하브루타 방식이다. 이야기를 만들 때는 '누가', '언제', '어디서', '무엇을', '어떻게', '왜' 등 육하원칙을 활용하면 효과적이다. 예를 들면 다음과 같다.

엄마, 우리 이야기 만들기 하자.

그래 좋아. 누구부터 시작할까?

엄마부터 시작해.

동물들이 모여서 소풍을 가기로 했어. 어떤 동물들이 모였을까 (누가)?

음… 사자와 코끼리, 기린이 모였어.

어디로 소풍을 갔을까(어디서)?

원미공원으로 갔어.

거기서 뭐 하고 놀았을까(무엇을)?

술래잡기 하면서 놀았어.

술래잡기는 어떻게 하는 건데(어떻게)?

그냥 하면 되지.

술래잡기를 하며 놀다보니 점심 시간이 되었구나. 점심은 뭘 싸왔을까(무엇을)?

사자는 김밥을 싸왔고, 코끼리는 샌드위치를 싸왔고, 기린은 과일을 싸왔어.

점심을 맛있게 먹고나서는 뭘 했을까?

이제 그만해. 머리아파.

이야기 만들기를 할 때는 아이에게 초점을 맞춰서 늘 의견을 물어보고, 직접 하겠다고 하면 우선권을 주고, 도와달라고 하거나 순서를 넘기면 힌트를 주거나 질문을 하면 된다. 처음에는 단답식 질문과 대답이 오가겠지만 아이의 반응을 살피면서 추가로 궁금한 점을 묻는다면 좋은 하브루타 방법이 된다. 이야기를 이어나가다가 아이가 힘들어 하거나 그만하고 싶다고 하면 멈추는 것이 좋다. 갑자기 이야기를 만들기 위해 집중적으로 생각을 하다보니 머리가 무거워진 것이라 기쁜 마음으로 다음을 기약하면 된다.

호기심 높이는 **스토리 큐브**로 이야기 만들기

스토리 큐브는 주사위에 픽토그램 형태의 이미지를 그려 넣어서 재미있게 상상의 이야기를 만들면서 놀 수 있게 개발된 교구다. 남녀노소 누구나 함께 참여할 수 있고, 부드러운 감촉과 고급스러운 느낌때문에 하브루타에 대한 호감을 높이는 데 효과적이다. 처음에는 3개부터 시작하고, 이어서 5개, 7개, 9개로 큐브 숫자를 늘려나가면 된다. 예를 들면 다음과 같다.

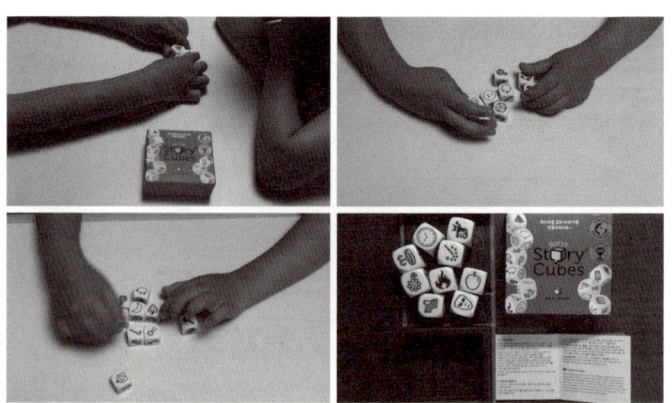

* 스토리 큐브는 온라인몰 등에서 쉽게 구입할 수 있는 교구입니다.

- 사랑이(3개) : 어떤 사람이 아파트에서 살고 있었는데, 갑자기 무지개가 떠서, 그걸 맞추려고 열쇠고리로 던졌더니 무지개가 없어졌다.
- 행복이(5개) : 기분이 좋아 보이는 한 사람이 걸어가는데, 어떤 사람과 마주쳐서 눈을 크게 떠보니 텐트가 있었고, 텐트 안에는 꽃이 있었으며, 발냄새가 구리구리 하게 풍기고 있었다.
- 다정이(7개) : 어떤 사람이 회사 문의 열쇠 구멍이 어떤 모양인지 잘 살펴보려고 돋보기로 봤더니 오뚜기 모양이어서 그걸 풀고 나갔는데, 피라미드가 나왔고, 혹시나 해서 화살을 쏴봤더니 아무 이상이 없어서 왜 그런지 궁금했다.

디자인된 스토리 큐브가 익숙해졌다면 아무 것도 그려져 있지 않은 주사위를 사서 사인펜으로 직접 그림을 그려보면 더욱 좋다. 그림을 그릴 때는 색깔(빨강, 주황, 노랑, 초록, 파랑, 군청, 보라)과 날씨(맑음, 흐림, 비, 눈, 바람), 한글 자음, 영문 알파벳, 표정(기쁨, 슬픔, 화남, 놀람, 궁금) 등 다양한 주제가 좋다. 직접 만든 DIY 스토리 큐브를 활용하면 그림을 그리면서 디자인 씽킹 활동도 되고, 이야기를 만들면서 스토리텔링 활동도 되는 일석이조의 효과가 있다.

즐겁게 집중하는 **와우 퍼즐**로 문제 해결하기

와우 퍼즐은 창의력과 분석력, 문제해결력 향상을 목적으로 개발된 창의융합 교구다. 신기한 퍼즐을 재미있게 즐기면서 창의적으로 문제를 해결하는 과정에서 자연스럽게 질문과 답변을 주고받을 수 있기 때문에 하브루타가 된다. 예를 들면 다음과 같다.

와우 퍼즐 중에 '화난 개 길들이기'라는 게 있는데 한 번 해볼래?

좋아. 그런데 어떻게 하는 거야?

어깨가 축 처져 보이는 두 마리의 개를 힘차게 달리는 개로 만드는 거야.

한 번 해볼래.

그래 그림을 이리저리 돌려보면서 해봐.

잘 안 되는데, 힌트 좀 줘.

두 마리의 개가 그려져 있는 종이에 가느다란 종이를 올려봐.

그 다음 힌트는 뭐야?

지금 눈에 보이는 개 위에 그냥 가느다란 종이를 올려서는 해결이 안 될 거야.

그럼 어떻게 해야 하는데?

가느다란 종이를 다른 각도로 돌려보는 것이지.

앗! 이제 됐다!

그래, 바로 그거야! 참 잘했어.

와우 퍼즐은 접기, 모양 만들기, 사라지게 만들기, 채워넣기, 패턴 맞추기, 분리결합 시키기 등 다양한 유형이 있기 때문에 유형별로 난이도를 높이면서 지속적으로 즐길 수 있다. '화난 개 길들이기'를 한 후에는 '화난 황소 길들이기', '말 길들이기' 등으로 수준을 높이면 되고, '사람 완성하기'를 한 후에는 '숨은 사람 찾기', '바뀌는 사람 수' 등으로 연계하면 되고, '카드에서 열쇠 풀기'를 한 후에는 '넥타이 풀기', '괴상한 신발장' 등을 이어나가면 된다. 퍼즐을 풀면서 혼잣말로 중얼거리기도 하고, 힌트를 달라며 질문을 퍼부어대는 모습을 지켜보면서 즐겁게 하브루타를 할 수 있다.

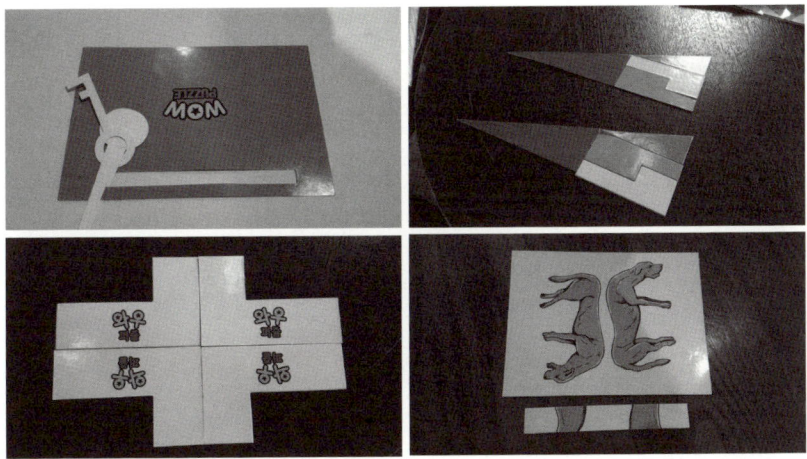

* 와우 퍼즐은 온라인몰 등에서 쉽게 구입할 수 있는 교구입니다.

웃음꽃이 피어나는 **넌센스 퀴즈**

독서학습과 하브루타를 주제로 강의를 많이 하다 보니 초중고 학생과 학부모, 교사, 관리자, 공무원, 전문가 등 다양한 대상을 만나게 된다. 그 중에서 강의하기 가장 어려운 대상은 초등 저학년이다. 왜냐하면 또래 특성상 집중을 잘 못하고 산만하기 때문이다. 그런데 체육관에서 몇 백명을 앉혀놓고 강의를 할 때 끝나고 나서 사인을 받으려고 줄을 서는 아이들이 바로 초등 저학년들이다. 무슨 특별한 강의 비결이 있는 게 아니고 초딩들이 좋아하는 것들을 강의 내용에 포함시키기 때문이다. 영업 비밀(?)이라고 할 수 있는 것 중에 대표적인 것이 바로 '넌센스 퀴즈'다. 집에서 아이들과 재미있는 넌센스 퀴즈로 하브루타를 해보면 웃음꽃이 피어날 것이다. 예를 들면 다음과 같다.

세상에서 가장 빠른 닭은?

후다닭

세상에서 가장 리더십이 뛰어난 말은?

카리스마

쥐가 네 마리 모이면?

쥐포(4G)

곰돌이 푸가 가장 싫어하는 동물은?

아기염소(푸를 뜯고 노니까)

고릴라의 콧구멍이 큰 이유는?

손가락이 굵어서

지렁이도 밟으면 꿈틀대는 이유는?

제대로 안 밟아서, 이번에는 제가 한 번 내 볼게요.

그래 한 번 해봐.

하브루타는 '사고력 향상'이 방향성이고, 대화와 소통을 통해서 효과를 높일 수 있다. 아이들이 자발적으로 하브루타에 참여한다면 더 할 나위 없이 좋은 일이다. 넌센스 퀴즈로 질문과 답변을 하다보면 평소에는 가만히 있던 아이들이 서로 말하겠다고 손을 들고 참여하는 모습을 보인다. 그리고 몇 개의 퀴즈를 풀다보면 자신이 알고 있는 것들이 생각나면서 직접 퀴즈를 내보겠다는 아이도 나온다. 이 얼마나 아름다운 모습인가? 오늘 배운 내용을 퀴즈 형태로 만들어서 아이들이 풀게 한다면 복습으로도 즐거운 하브루타가 가능할 것이다.

★ 아이들이 좋아하는 넌센스 퀴즈 베스트 ★

병아리들이 애용하는 약은? → 삐약삐약

세상에서 제일 큰 나무는? → 오리나무(오리는 2Km)

세균 중에 제일 계급이 높은 세균은? → 대장균

학생들이 가장 좋아하는 동네는? → 방학동

장님과 권투 선수가 싸우면 누가 이길까? → 장님(눈에 뵈는 게 없어서)

소가 웃는 소리를 세 글자로 하면? → 우하하!

중학생과 고등학생이 타는 차는? → 중고차

왕이 넘어지면 뭐가될까? → 킹콩

벌레 중 가장 빠른 벌레는? → 바퀴벌레

아몬드가 죽으면 뭐가 될까? → 다이아몬드

가제트 형사의 이름 앞에 붙는 성은 뭘까? → 마징(가제트)

정원이 100명인 잠수함이 있었는데 95명이 탔는데 가라앉았다. 그 이유는?
→ 잠수함이니까

올챙이는 차가운 물에 알을 낳을까, 따뜻한 물에 알을 낳을까? → 올챙이는
알을 낳지 않는다.

빨간집은 영어로 '레드 하우스', 파란집은 영어로 '블루 하우스', 투명집은 영
어로 뭘까? → 비닐 하우스

누룽지를 영어로 뭐라고 할까? → 바비 브라운(밥이 브라운/갈색)

김밥은 영어로 뭐라고 할까? → 바비 킴

김밥이 죽으면 가는 곳은 어딜까? → 김밥 천국

'여기 화장실이 어디죠?'를 중국어로 뭐라고 할까? → 워따똥싸

일본 최고의 구두쇠 이름이 뭘까? → 도나까와 쓰지마(무라까와 쓰지마, 아
끼고 또아끼고)

일본 최고의 낚시꾼 이름은 뭘까? → 다나까라(다낚아라)

돼지가 세 마리 있으면 뭐가 될까? → 아기 돼지 삼형제

나무가 네 그루 있으면 뭐가 될까? → 포트리스(Four Trees, 목사, 목포)

나무가 다섯 그루면 뭐가 될까? → 오목

나무가 여섯 그루면 뭐가 될까? → 포트리스 투(네그루+두그루)

수학책을 난로 위에 올려놓으면 어떻게 될까? → 수학 익힘책

국사책을 난로 위에 올려놓으면 어떻게 될까? → 불국사

부처님이 잘 생기면? → 부처핸섬(풋쳐핸섬, put your hands up)

재미있는 추측 게임 수수께끼

'수수께끼'란 고대부터 내려오는 추측 게임의 한 형태로써 어떤 사물에 빗대어 묻고 알아맞히는 언어 놀이다. 보통 동물이나 사람, 식물, 사물 등을 일부러 잘 알 수 없게 묘사해서 정답과는 다른 것을 답인 것처럼 착각하게 만드는 게 묘미다. 대표적인 예는 스핑크스의 수수께끼다. "아침에는 네 발, 점심에는 두 발, 저녁에는 세 발로 걷는 것은 무엇인가?"라고 스핑크스가 묻자, 오이디푸스는 "그것은 사람이다. 어려서는 네 발로 기고, 자라서는 두 발로 걸으며, 늙어서는 지팡이를 짚고 걷기 때문이다."라고 대답했다. 어릴 때 할머니에게 들었던 것 중에 '덤불 밑에 도마, 도마 밑에 송충이, 송충이 밑에 쩍쩍이, 쩍쩍이 밑에 낭떠러지는?'의 답은 '얼굴'이란 것도 기억이 난다. 그런데 비유와 묘사가 들어간 일반적인 수수께끼는 높은 사고력을 필요로 하기 때문에 아이들이 어려워 할 수 있다. 그래서 처음에는 스무고개처럼 어떤 대상에 대한 힌트를 하나씩 주는 것으로 시작하는 것이 좋다. 아이들과 함께 할 수 있는 수수께끼의 예는 다음과 같다.

나는 다리가 6개고, 날개가 있으며, 꿀을 좋아해,

나비.

그래, 잘 맞혔구나. 그런데 힌트가 몇 개 더 있으니 들으면서 생각해볼래?

나는 거꾸로 매달린 집에 사는데, 나를 괴롭히면 침으로 콕 찌른단다. 나는 누구일까?

🙂 벌.

👩 잘 하는데? 너무 쉽지? 수준을 조금 높여볼까? 나는 봄에 많이 나고, 껍질을 벗기지 않고 그냥 먹어.

👩 조금 어려운데? 힌트를 좀더 줘.

👩 초록색 모자를 쓰고 있고, 빨간 얼굴에 까만 점이 아주 많아.

🙂 아! 알겠다. 딸기.

👩 잘 했어. 이제 더 어려운 것에 도전해 볼까? 나는 어려서는 초록색이고, 커서는 갈색이야. 가시옷 안에 털옷까지 입고 있지.

🙂 너무 어려워. 좀 쉬운 힌트를 줘.

👩 나는 숲 속에서 볼 수 있고, 동그란 모양이고, 겉에는 가시가 있고, 속에는 맛있는 냠냠이가 들어있지.

🙂 아! 이제 알겠다. 밤이구나!

👩 참 잘했어.

　

수수께끼 하브루타도 생각하는 힘을 기르기 위해서 하는 것이다. 따라서 정답을 맞히는 것에 중점을 두기보다는 왜 그런 힌트를 냈는지, 왜 그게 답인지 아닌지 등 다양한 생각을 해보는 것이 좋다. 그리고 어떤 힌트나 답에 공감이 된다면 그것으로 충분한 것이다. 수수께끼 문제를 내고 풀어보면서 많은 생각을 하게 되고, 이런저런 얘기 거리도 많기 때문에 재미있게 하브루타가 가능하다.

동심의 세계 순수의 시대

10여 년 전에 〈전파견문록〉이란 방송 프로그램이 있었다. 어린이들의 맑고 순수한 동심의 세계를 엿볼 수 있는 가족 오락 프로그램이었는데, 유치원생이 나와서 어떤 단어에 대해 설명을 하고 어른들이 맞추는 '순수의 시대'라는 코너가 큰 인기였다. 어떤 단어를 나이나 성별, 관심사에 따라서 다르게 볼 수도 있다는 것을 자연스럽게 알게 되고, 예상과는 다른 답에 웃음이 절로 난다. 방송에 소개되었던 대표적인 퀴즈의 예는 다음과 같다.

이건 위 아래가 바뀌면 안 돼요.

???

인어공주

얘는 이불을 뒤집어 쓰고 자요.

???

박쥐

이 사람이 가고 나면 막 혼나요.

???

손님

토실 토실 계단이 만들어졌어요.

???

뱃살

어른들한테 해달라고 하면 머리 아프다고 싫어해요.

???

풍선

예전에 리더스 다이제스트 잡지를 보다가 순수의 시대 퀴즈와 비슷한 내용이 실린 것을 본 적이 있다. 한 기관에서 어떤 단어를 제시해 주고 이 단어가 무슨 뜻이냐고 아이들에게 물었다. 아이들은 "이건 친구가 같은 옷을 매일 입고 와도 멋있다고 얘기해주는 거에요.", "이건 치킨을 먹을 때 엄마가 제일 맛있는 부위를 아빠에게 주는 거에요.", "이건 아빠가 밤늦게까지 일하고 땀에 찌들어서 집에 들어왔을 때 최고라고 말해주는 거에요."라고 말했다. 제시된 단어는 '사랑'이었다. 사랑의 사전적 정의는 '어떤 상대를 애틋하게 그리워하고 열렬히 좋아하는 마음'이지만 일반적인 정의는 그 단어에 대해 정의 내리는 사람의 수만큼 다양하다. 우리가 하브루타를 통해 기대하는 것은 사전적 정의처럼 정답을 내는 것이 아니라 바로 이렇게 생각을 통해 자신만의 견해를 갖는 것이다.

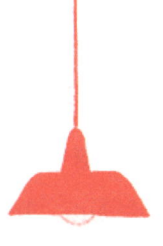

수준을 조금 높인
'질문 놀이 하브루타'

까만 놀이('까'를 만드는 질문 놀이)

하브루타를 위한 워밍업으로 끝말잇기와 이야기 만들기, 넌센스 퀴즈 등의 게임을 한 후에는 놀이를 하면서 수준을 조금 높이면 좋다. 하브루타 놀이로 대표적인 것이 '까만 놀이(까를 만드는 놀이)'다. '하브루타의 시작과 끝은 질문이다.'라는 말이 있을 정도로 하브루타에서 질문은 중요하다. 질문 만들기를 재미있게 할 수 있는 활동이 바로 까만 놀이다. 까만 놀이는 특정 주제로, 주어진 문장으로, 어제 있었던 이야기로, 속담, 격언, 명언 등으로 다양하게 할 수 있다.

예를 들어 '우리 집'을 주제로 까만 놀이를 한다면 '우리 집은 몇 층에 있을까?', '우리 집에 사는 사람은 몇 명일까?', '우리 집의 넓이는 얼마나 될까?', '우리 집을 다녀간 사람은 몇 명이나 될까?', '우리 집에 필요한 물건은 무엇일까?' 등의 질문을 만들 수 있다. 까만 놀이로 하브루타를 할 때는 질문에 답을 하기보다는 질문을 만드는 것에 초점을 맞추는 것이 효과적이다.

까만 놀이에 대한 간단한 설명과 예시를 보여주고 '우리 지역'을 주제로 까만 놀이를 해보는 것도 좋다. 강의 교육 현장에서 해보면 아이들의 경우는 '우리 지역에는 사람이 몇 명이나 살까?', '우리 지역에는 아파트가 몇 개일까?', '우리 지역은 어떤 모양일까?', '우리 지역에서 내 이름과 똑같은 사람은 몇 명이나 될까?', '우리 지역에는 마트가 몇 개나 될까?', '우리 지역에는 자동차가 몇 대나 될까?', '우리 지역에는 안경점이 몇 개나 될까?', '우리 지역에는 여자는 몇 명이나 될까?', '우리 지역에는 선생님이 몇 명이나 될까?' 등 단순한 질문이 대부분이었다.

학부모들은 '우리 지역의 특산물 OOO이 나왔을까?', '우리 지역에서 전통 시장은 몇 개나 될까?', '우리 지역의 맛집은 어디일까?', '우리 지역에서 자녀를 가장 많이 둔 사람은 누구일까?', '우리 지역의 초등학교는 몇 개나 될까?', '이 지역에 살고 있는 나는 행복할까?', '우리 지역에서 제일 예쁜 사람은 누구일까?', '우리 지역에서 아이들과 갈만한 곳은 어디일까?', '우리 지역에서 진보적인 사람은 몇 명이나 될까?', '여기에 정착을 해도 괜찮을까?', '우리 지역에서 가장 오래 사신 분의 나이는 몇 살일까?', '우리 지역에서 낚시하기 좋은 곳은 어디일까?' 등 다양한 질문을 만들었다.

까만 놀이를 할 때는 질문의 내용보다 질문을 만드는 것 자체에 의미를 두는 것이 좋다. 처음부터 내용에 초점을 맞추면 좋은 질문을 만드는 것에 대한 부담때문에 놀이를 즐기지 못할 수도 있다. 따라서 어떤 질문이든 많이 만드는 게 좋다고 알려주는 것이 바람직하다. 선의의 경쟁심을 유발하기 위해 '○분 이내에 질문을 가장 많이 만드는 사람'에게 작은 선물을 주겠다고 하면 아이들은 신나서 열심히 질문을 만들 것이다.

꼬꼬질 놀이(꼬리에 꼬리를 잇는 질문 놀이)

까만 놀이를 재미있게 즐겼다면 이어서 '꼬꼬질 놀이(꼬리에 꼬리를 잇는 질문 놀이)'를 해 본다. 까만 놀이가 자유롭게 질문을 만드는 활동이라면 꼬꼬질 놀이는 질문에 대한 답변을 듣고, 그 답변에 대해 다시 질문을 만들어 보는 활동이다. 이때 질문에 대해 답변이 아니라 궁금한 것을 되받아 질문을 해도 괜찮다. 중요한 것은 질문과 답변으로 계속 대화를 이어나가는 것이다. 다만 상대방의 말꼬투리를 잡고 늘어진다는 느낌을 주지 않도록 유의한다.

예를 들어 '꿈'을 주제로 두 사람이 짝을 이뤄 꼬꼬질 놀이를 한다면 다음과 같은 대화가 오갈 것이다.

 왜 꿈을 이루어야 합니까?

 멋있게 살기 위해서입니다.

- 멋있게 산다는 게 어떤 건가요?
- 내 꿈을 이뤄서 다른 사람에게 존경받는 것입니다.
- 존경받는다는 건 어떤 의미인가요?
- 음, 저는 자신이 하는 일로 세상에 좋은 영향을 미쳤다는 이야기를 들을 수 있다면 존경받는 것이라 생각합니다. 당신은 어떻게 생각하나요?

실제 교육 현장에서 아이들에게 교육을 왜 해야 하는지 물었더니 사람답게 살기 위해서 한다고 대답했고, 사람답게 사는 것이 어떤 거냐고 질문했더니 예의범절이나 공중도덕을 잘 지키는 것이라고 대답했다. 교육에서 가장 중요한 것이 무엇인지 물었더니 인성이라고 대답했고, 인성이란 무엇인지 질문했더니 바람직한 사람의 성품이라고 대답했다.

부모 독서모임에서 꼬꼬질 놀이에 대한 간단한 설명과 예시를 보여주고 '교육'을 주제로 꼬꼬질 놀이를 해봤다. 부모들은 '아이가 중학교 때까지 공부를 잘 한다면 이 지역의 고등학교로 진학시킬 생각이 있습니까?', '아이들에게 수학 교육은 어떻게 하고 있습니까?', '전통 방식의 교육이 더 좋다고 생각하는데, 어떤 방식으로 아이들을 교육하고 있습니까?', '4차 산업혁명으로 교육에 어떤 변화가 찾아올까요?', '교육이 학교에서만 이뤄져야 할까요?', '여기에서 배운 내용을 우리 아이에게 잘 적용할 수 있을까요?', '대한민국 교육 이대로 괜찮을까요?' 등의 질문이 나왔고 풍부한 꼬꼬질 대화로 이어졌다.

교육을 주제로 꼬꼬질 놀이를 해 봄으로써 우리가 교육을 왜 해야 하는지, 교육에서 중점을 둬야 하는 것이 무엇인지에 대해 깊이 생각해보고 다른 사람의 의견도 청취할 수 있는 좋은 시간이 되었다.

꼬꼬질 놀이는 서로 상대방을 지렛대 삼아 사고력 향상에 도움을 주는 활동이다. 따라서 어떤 질문과 답변을 했을 때 상대방이 좀더 좋은 생각을 할 수 있는지 살피는 것이 좋다. 꼬꼬질 놀이를 하고난 후에 '정말 많은 것을 알게 되었다', '새로운 정보를 많이 얻게 되었다.', '정말 재미있게 얘기를 나누었다.' 등의 소감이 나온다면 서로에게 엄청난 영향력을 준 것이다.

질카 놀이(까만 놀이 + 꼬꼬질 놀이)

까만 놀이와 꼬꼬질 놀이를 한 후에는 두 가지 놀이를 결합시켜서 '질카 놀이'를 하면 더욱 좋다. 질카 놀이는 공카드에 질문을 적고 섞은 후에 랜덤으로 카드를 뽑아서 얘기를 나누는 활동이다. 가족 모두가 참여하면 더욱 좋으며, 섞은 카드는 쌓아둬도 좋고, 펼쳐둬도 괜찮지만 되도록 내용이 보이지 않도록 엎어 놓고 뽑거나 카드를 두 번 접고 나서 가운데 섞어두고 하나씩 뽑으면서 하브루타를 하면 재미있다. 자신이 만든 질문이 나올 수도 있고, 다른 사람의 질문이 나올 수도 있으므로 어떤 질문이 나올지 기대하면서 놀이를 즐기면 된다.

아이들에게 '책'을 주제로 질카 놀이를 해봤다. 아이들의 경우는 '동화책은 왜 재미있을까?', '동화책을 좋아하는 사람은 몇 명이나 될까?', '곤충 동화책을 좋아하는 사람은 어떤 사람일까?', '동화책에는 왜 동물들이 말을 할까?', '동화책은 누가 쓸까?', '동화책은 언제부터 있었을까?', '지금까지 가장 많이 읽힌 동화책은 무엇일까?', '다른 나라의 동화책은 어떤 것일까?', '동화책이 없다면 세상은 어떻게 될까?', '동화책을 외계인에게 보여주면 뭐라고 할까?' 등 정말 기발한 질문들을 적었고 어떻게 질문을 해야 할지, 어떻게 하브루타를 해야 할지 모르겠다던 아이들이 하나의 주제로도 오랫동안 대화를 나누는 모습을 보였다.

어른들 독서모임에서 질카 놀이에 대한 간단한 설명과 예시를 보여주고 '책'을 주제로 질카 놀이를 해봤다. 사람들이 질문카드에 적은 질문은 주로 '관심 있는 책은 무엇입니까?', '책은 주로 언제 읽습니까?', '요즘 초등 저학년이 꼭 읽어야 하는 책은 어떤 걸까요?', '책을 좋아합니까?', '책은 주로 어디에서 읽습니까?', '추천하고 싶은 책이 있습니까?', '한 달에 몇 권 정도 책을 읽습니까?', '최근에 읽은 책 중에 가장 기억에 남는 책은 무엇입니까?', '요즘 가장 인기 있는 작가는 누구입니까?', '책은 주로 어디서 구입합니까?', '책을 읽고 나서 독후활동을 꼭 해야 합니까?', '책을 읽다가 싫증이 날 때는 어떻게 합니까?', '좋은 책을 고르는 기준은 무엇입니까?' 등이었고 돌아가며 카드를 뽑고 나서 정말 폭넓고 깊이 있는 많은 대화를 나누는 모습을 보았다. 시간의 제약이 없다면 종일 하브루타 할 듯이 말이다.

까만 놀이와 꼬꼬질 놀이, 질카 놀이를 한 후에는 '쉬우르'로 마무리를 하는 것이 좋다. '쉬우르'란 하브루타 리더가 참여자를 상대로 질문을 던지거나 내용을 요약하거나 정리해주는 활동을 의미한다. 쉬우르를 통해 자신의 생각을 정리할 수 있고, 다른 사람들은 어떤 의견을 나누었는지 공유함으로써 생각의 폭과 깊이를 확장시킬 수 있다. 또한 서로의 의견에 대해 칭찬할 수 있는 시간을 가짐으로써 정신적 보상을 통한 동기부여에도 도움이 된다. 모든 하브루타 활동의 마무리는 '쉬우르'로 하는 것이 바람직하다. 아빠나 엄마 뿐만 아니라 자녀들도 돌아가며 쉬우르를 해보도록 독려하고, 만약 토론 내용 중 바로잡아야 할 부분이 있다면 가르쳐 주려 하지 말고 그 부분에 대해 스스로 생각해보고 답을 찾도록 질문을 하는 것이 바람직하다.

딱지치기 하면서 덧셈뺄셈 해보기

◆

아빠는 쇼파에서 책을 보고 있었고, 아이는 매트리스에서 딱지를 갖고 놀고 있었다.

- 🧒 아빠 나랑 놀아줘.
- 👨 그래, 좋아. 어떻게 하는지 알려줄래?
- 🧒 알았어. 이렇게 딱지를 쳐서 뒤집히면 가져가는 거야.
- 👨 그렇게 하는 거구나. 10장씩 갖고 누가 이기는지 시합해볼까?
- 🧒 좋아.
- 👨 순서는 어떻게 정할까?

가위, 바위, 보로 정해.

좋아.

안 내면 진다, 가위바위보.

아빠가 이겼네. 그럼 내가 먼저 하는 거야?

응. 먼저 해.

얍! 잘 안 되는데?

자 봐. 얍! 이렇게 해야 된다구.

오, 잘 하는데? 얍!

그렇게 말고, 이렇게. 얍!

이제 몇 대 몇이야?

내가 12개고, 아빠가 8개야.

그럼, 몇 장 차이지?

4장 차이지.

음, 분발해야겠구나.

아빠, 파이팅!

얍!

얍!

근데, 딱지를 좀더 잘 넘어가게 하는 방법은 뭐야?

여기 고무 덮개를 끼우면 잘 넘어가.

어떻게 끼우는 건데?

잘 봐. 이렇게 끼우면 돼.

그렇구나. 얍! 진짜 잘 넘어가네.

에이, 괜히 알려 줬나봐.

그래도 아직 너가 나보다 딱지가 훨씬 많아.

그러게.

근데, 고무 덮개의 세 변은 튀어나와 있는데, 한쪽은 매끈한 건 왜 그래?

카드를 쉽게 끼우라고 그렇게 되어 있는 거야.

그래? 어떻게 끼우면 되는데?

잘 봐. 이렇게 카드를 위로 보이게 해서 밀어 넣으면 돼.

아! 그렇게 하면 되는 구나?

아빠는 그런 것도 잘 몰라?

응. 진북이가 알려줘서 이제야 알았어.

아빠도 모르는 게 있구나?

그럼. 아빠라고 모든 걸 다 아는 건 아니지.

앞으로 딱지의 세계에 대해 자세히 알려줄게.

그래 고마워. 기대할 게. 근데 지금 몇 대 몇이지?

내가 16개고, 아빠가 4개야.

그럼, 몇 장 차이지?

12장 차이지.

너무 잘 하는데? 얍!

얍!

일상 하브루타를 실천하는
4가지 방법

일상의 모든 순간에 활용하는
경험·질문·설명·실천 하브루타

　게임식, 놀이식 하브루타로 아이와 어느 정도 이야기 나누는 것에 익숙해졌다면 본격적인 일상 하브루타를 시작해 볼 수 있다. 일상에서 가족들과 주로 이야기를 나누는 주제는 외식과 쇼핑, 여행 등이고, 가끔은 오해나 갈등 때문에 다투기도 하며, 스마트폰 사용 문제로 목소리를 높이기도 한다. 그리고 인원도 두 명이서 이야기를 나눌 때도 있고, 세 명이나 네 명, 가족 전체가 둘러 앉아 대화를 나눌 때도 있다. 일상 하브루타를 할 때는 경험, 질문, 설명, 실천 등 네 가지 하브루타 방식을 활용할 수 있다.

첫째, 경험 하브루타는 각자 자신의 경험에 대해 이야기를 나누는 것이다. 대화를 할 때 가장 쉽게 말문을 여는 방법은 경험을 말하는 것이다. 누구나 직간접 경험이 있고, 경험에는 정답이 없으며, 부담도 없다. '경험에 대해 이야기하는 사람은 절대 논쟁에서 지지 않는다.'는 말이 있다. 자신이 직접 보고 들은 것에 대해 이야기 할 때는 누구나 말에 강력한 힘이 실리면서 논리적 설득력을 갖는다는 의미다. 경험은 누구나 쉽게 이야기 할 수 있고, 공감도 잘 이끌어 낼 수 있으며, 수다 떨듯이 재미있게 대화를 나눌 수 있게 도와준다는 장점이 있다.

둘째, 질문 하브루타는 궁금한 것에 대해 질문 중심으로 이야기를 나누는 것이다. 하브루타의 시작과 끝을 질문이라고 하듯이 질문을 통해 대화가 시작되고, 또 다른 질문이 이어지면서 대화가 깊어지게 된다. 질문에 초점을 맞추면 상대방의 이야기를 좀더 주의해서 경청하게 되고, 들은 내용을 체계적으로 정리하게 되며, 아는 것과 모르는 것을 자연스럽게 구분하게 되고, 핵심이 무엇인지도 쉽게 파악할 수 있다. 질문 하브루타는 앞서 배운 까만놀이, 꼬꼬질, 질카놀이 등을 떠올리며 적절히 활용하면 좋다.

셋째, 설명 하브루타는 자신이 알고 있는 내용에 대해 자세하게 설명하면서 이야기를 나누는 것이다. 어떤 내용에 대해 설명을 해보면 자신이 잘 알고 있다고 생각했었는데, 실제로는 할 말이 별로 없는 경우도 있고, 잘 모른다고 생각했던 것에 대해 아주 구체적으로 자세히 설명하는 경우도 있다. 그리고 대부분 자신이 아는 내용을 말로 표현하는 것에 대한 부담감을 갖고 있는데, 설명 하브루타를 통해 별것 아니라는 것을 알게 되면서 자신감을 가질 수 있다. 설명 하브루타는 그날 배운 내용을 복습할 때 효과적인 방법이 될 수 있으며 학교에서도 한 단원이 끝난 후 옆 짝과 배운 내용에 대해 설명 하브루타를 하도록 하면 큰 학습 효과를 거둘 수 있을 것이다.

넷째, 실천 하브루타는 어떤 문제에 대한 효과적인 해결 방법에 대해 이야기를 나누는 것이다. 어떤 문제에 대해 계속 생각하면서 어떻게 하면 좋을지 질문을 던지다보면 본질적인 원인에 접근하게 된다. 현상적 차원에서는 풀리지 않던 문제도 본질적 차원으로 바라보게 되면 합리적인 해결책을 찾을 확률이 높아지게 된다. 매일 쏟아지는 문제 때문에 고민하고 있다면 실천 하브루타를 통해 명쾌한 해결책을 찾아보길 바란다. 앞서 컴퓨터 게임 때문에 자녀와 갈등이 일어났을 때 실천 하브루타 방법을 적용해 문제 해결했던 사례를 참고하면 된다. 경험, 질문, 설명, 실천 하브루타를 나눈 후에는 하브루타를 이끌었던 사람이 마지막으로 쉬우르를 하면 좋다.

유쌤의 한마디

쉬우르(마무리)란?
쉬우르란 하브루타를 나누었던 내용을 정리하는 '마무리'와 같은 의미이다. 마무리를 할 때 주의할 점은 하브루타를 이끌었던 부모나 선생님의 의견을 강요하거나 일방적으로 가르치는 형식으로 해선 안된다는 것이다. 나왔던 다양한 의견들을 종합하는 역할만으로 충분하다.

경험, 질문, 설명, 실천 등 일상 하브루타의 네 가지 방식을 적용해보면서 하브루타가 어렵지 않다는 것을 알게 됐다면, 궁극적으로는 '형식'의 틀에 얽매이지 말고, 자유롭게 대화를 나누는 것에 초점을 맞추는 게 좋다. 우리가 형식을 배우는 이유는 형식에서 벗어나기 위함이다. 유대인처럼 자유롭게 질문도 하고, 대화도 나누며, 토론도 하고, 논쟁도 하기 위해서 지금까지 다양한 방식을 하나씩 배웠던 것이다. 우리가 대화를 나눌 때 '어떤 방식을 활용하자'고 미리 약속을 하지는 않는다. 그냥 얘기를 나누다보면 자연스럽게 다양한 방식이 주제와 상황에 따라 나오는 것이다. 궁극적으로 우리도 형식에서 벗어나 자유로운 하브루타를 하게 되길 바란다.

경험 하브루타 사례 – 외식

외식을 주제로 가족과 경험 하브루타를 해보았다.

오늘 점심 메뉴로 뭐가 좋을까?

난 아무거나.

나는 밥이 맛있는 집을 가고 싶은데?

난 이태리 레스토랑에 가고 싶어

그럼 우리 전에 먹었던 음식 중에 어떤 음식이 맛있었는지 하나씩 추천해보면 어떨까?

음, 그럼 나는 학원가에 있는 아리가또**에서 먹었던 카레 돈가스

카레 돈가스를 왜 추천 했어?

그 집 돈가스는 양이 부담스럽지 않고 바삭하면서도 안에 들어있

는 고기는 육즙이 살아있어서 촉촉했어. 함께 나오는 일식 카레도 달지 않아 맛있고.

🧑 갑자기 엄청 먹고 싶어지는데?

🧑 난 성복동에 있는 일**코 레스토랑에서 먹었던 루꼴라 피자가 너무 먹고 싶어.

🧑 현수는 왜 그 메뉴를 추천 한거야?

🧑 점심이라 가볍게 먹고 싶은데 피자만큼 간단하고 좋은 음식은 없는 것 같아. 또 피자 위에 루꼴라가 올려 있어서 채소도 함께 먹을 수 있고, 집 근처라 시간 절약도 되고 좋잖아.

🧑 아빠는 밥이 맛있는 집에 가고 싶은데? 고슬하게 지은 밥에서 모락모락 김이 나고 맛있는 나물 종류를 같이 먹으면 웰빙에 아주 좋지.

🧑 하나씩 맛있는 음식을 먹었던 경험을 나누니 다 먹고 싶어지는데 무얼 먹으면 좋을까?

🧑 엄마는 추천할 음식 없어?

🧑 응, 엄만 가족들 결정에 따르고 싶어.

🧑 그럼 우리 사다리 타기로 결정하자.

🧑🧑🧑🧑 좋아!

외식을 주제로 가족끼리 경험 하브루타를 한 후에 쉬우르(마무리)를 해보면 참으로 다양한 이야기들이 나온다. 그리고 삶의 재미 중에 첫 번째로 꼽히는 일이 '맛있는 음식을 먹는 것'인 만큼 즉석에서 점심이나 저녁 혹은 주말 외식 메뉴를 정하느라고 시끌벅적해 질수도 있다. 한 사람이 쉬우르(마무리)를 하면서 궁금한 것이 있다면 물어봐도 좋고, 추가로 이야기하고 싶은 사람이 더 이야기를 해도 좋다. 재미있는 애드립으로 가족 모두가 웃을 수 있는 분위기를 만든다면 하브루타가 더욱 즐거워질 것이다.

질문 하브루타 사례 – 쇼핑

쇼핑을 주제로 딸과 함께 꼬꼬질 질문 하브루타를 해보았다.

- 엄마, 나 롱 패딩 사고 싶어.
- 롱 패딩이 왜 사고 싶은데?
- 요즘 롱 패딩이 대세라구!
- 대세여서 사고 싶은 거야? 아니면 꼭 필요해서 사고 싶은 거야?
- 점점 날이 추워지는데 아이들이 입은 롱 패딩을 보니까 정말 따뜻하고 멋져 보여.
- 우리나라 겨울 날씨가 파카로 안 되고 롱 패딩을 입을 만큼 추운 걸까?
- 그렇게 많이 추운 건 아닌데 치마가 짧아서 다리가 춥단 말이야.

치마대신 바지를 입으면 어떨까? 엄만, 작년에 멋진 파카를 샀는데 또 롱 패딩을 사고 싶어 하니 낭비가 아닐까 싶네?

파카가 하나라서 겨울 내내 빨지 못하니까 저렴한 것으로 하나 사서 많이 추운 날은 롱패딩을 입고 번갈아 입으면 안 될까? 작년에 눈 많이 온 날 파카가 젖어서 다음날 곤란했었잖아.

하긴 그런 적 있었지.

난 값비싼 브랜드는 말고 인터넷 검색을 해보니까 싸고 좋은 물건이 있더라구 엄마.

그래, 그럼 검색 해보고 결정할까?

네, 엄마!!!

질문 하브루타를 하다보면 충동 구매를 하지 않고 합리적인 쇼핑이 가능해진다. 영지와 엄마의 대화에서처럼 원하는 물건을 최저가로 구매하기 위해 머리를 맞대고 검색을 하며 쇼핑 노하우도 알 수 있고, 구입하려는 물건이 꼭 필요한 물건인지 한 번 더 생각해보게 된다. 서로 질문하면서 쇼핑 노하우를 공유하고 함께 생각을 나누면 얼마나 많은 정보를 단시간에 얻게 되는지도 알게 될 것이다. 쇼핑을 주제로 한 질문 하브루타는 하나의 사례일 뿐, 일상 속 어떤 주제로도 질문 하브루타를 할 수 있다. 두 사람이 하브루타를 해도 많은 생각을 나누게 되는데 가족 전체가 하나의 주제로 깊이 있게 하브루타를 하다보면 부모의 일방적인 지시나 명령을 벗어나 함께 생각해보며 합리적인 방법을 찾아 낼 수 있어 매우 바람직하다.

설명 하브루타 사례 – 여행

여행을 주제로 가족 네 명이 함께 설명 하브루타를 해보았다.

- 우리 이번 연말에도 2박 3일 가족 여행가야지?

- 응 엄마, 빨리 가고 싶다.

- 이번엔 뭘 하며 놀까?

- 멀리 가지 않기로 했으니까 용인 근처에 좋은 곳 있나 알아봐야 지?

- 그래, 그럼 용인 근처에 어떤 곳들이 있는지 알아볼까? 우선, 먹거리, 잘거리, 즐길거리, 특산물로 각자 나누어 알아보고 지역 가이드처럼 설명해볼까?

- 응. 나는 즐길거리로 체험 할 곳을 알아볼래.

- 나는 숙박할 곳을 알아볼게.

- 좋아, 나는 먹는 게 제일 중요하니까 먹거리를 알아봐야겠네.

- 그래요, 나는 우리 고장 특산물을 알아 볼께요. (각자 주제별로 검색할 시간을 갖는다)

- 용인 8경이라는 것이 있대요. 용인 8경은 성산일출, 어비낙조, 곱든고개와 용담조망, 광교산 설경, 선유대 사계, 조비산, 비파담 만풍, 가실벚꽃 등과 한국민속촌, 호암미술관을 포함해 10가지 자랑거리로 말하기도 해요. 대부분 처인구 쪽에 많은 것 같아요.

- 그 중에 꼭 가보고 싶은 곳이 있었어?

- 높은 산은 못 올라가고 봄철이 아니니까 꽃은 볼 수 없을 거고...

민속촌하고 호암 미술관, 에버랜드 같은 데가 좋아요.

에버랜드는 한 겨울이라 너무 추울 것 같은데? 숙박장소를 알아봤는데 시내쪽으로는 특급 호텔부터 다양한 호텔들도 많지만 연말 분위기에 맞게 용인 처인구쪽에는 전에 갔던 예쁜 펜션들도 많이 있어요.

그렇구나. 마침 아빠가 알아본 맛있는 먹거리도 처인구 쪽에 백암 순대와 한우, 아빠가 가고 싶었던 예쁜 카페들이 많네.

용인 특산물을 검색해보니 백송칠기공예의 전통을 발전시킨 이수자반상, 크리스탈 퀸이라는 크리스탈 제품, 백옥쌀, 옥로주, 거문고, 가야금, 아쟁 같은 국악기를 제작하는 최태진 선생의 수제 악기를 살 수 있는 소릿고을, 청등오리쌀, 용인 팽이버섯, 용인오이, 용인 백옥포도 같은 특산물이 있었네요. 우리 고장에 이런 특산물이 있는 줄도 몰랐는데 앞으로 백옥쌀을 애용해야 겠어요.

가족들이 검색한 내용을 종합 해보니(쉬우르, 마무리) 처인구에 있는 펜션에서 자면서 용인 8경중에 영지가 선택한 곳들을 돌아보고 특산물도 직접 눈으로 보고 아빠가 알아본 맛집들을 들러보면 좋을 것 같은데 다른 의견 있니?

아뇨. 너무 좋아요! 우리 그럼 전에 했던 대로 2박 3일 스케줄 짜 봐요.

각자 검색한 내용을 토대로 한 사람씩 여행 가이드처럼 다른 세 명의 가족에게 먹거리와 잘거리, 즐길거리, 특산물 등에 대한 정보를 포함해 우리 지역에 대해 안내해주는 '지역 가이드'처럼 설명 하브루타를 하고 쉬우르(마무리)를 해서 여행 일정을 정했다. 이것을 응용해서 아이들이 주도해서 2박

3일 여행 스케줄을 세워보게 하고 우리 가족 여행사 이름을 지어 봐도 좋다. 가족들은 앞에서와 같은 대화를 나누었고 전문 여행 가이드 못지않은 훌륭한 여행 일정표를 만들었다.

여행의 테마를 뭘로 할 건지, 경비는 얼마로 할 건지, 교통편과 숙박은 어떻게 할 건지, 어떻게 이동하는 게 가장 효율적인지, 어디어디를 둘러보면 가장 알찬 여행이 될지 등 의논할 것이 많아서 여행을 가기도 전에 분위기가 뜨거웠다. 보통 가족끼리 여행을 갈 때, 부모가 정한 장소를 부모의 주도로 아이들은 몸만 따라가는 경우가 대부분일 것이다. 아이들이 어린 경우 처음부터 2박 3일 일정을 짜는 것은 어려울 수 있으니 우선 주말 하루 체험 활동 일정부터 짜보도록 독려한다. 주말을 이용해 어떤 곳에서 어떤 활동을 할 것인지, 점심 메뉴와 식비, 체험활동에 드는 비용, 이동방법, 저녁 식사는 어떻게 할 것인지, 참여인원과 총 예산 등을 아이가 주도하여 짜보도록 한다. 이때 주의할 점은 아이가 도움을 요청하는 부분은 돕되 결정권을 아이에게 주도록 하고, 계획수립과 진행이 매끄럽지 않거나 다소 실수를 하더라도 아이에게 맡긴다. 일정을 마치고 나면 아이가 스스로 해냈다는 것만으로도 칭찬과 인정을 해줘야 한다. 쉬우르(마무리)를 통해 칭찬, 격려와 함께 특별히 좋았던 점, 보완하면 좋은 점 등에 대해 이야기를 나누다 보면 아이는 가족 행사를 자기가 주도적으로 해냈다는 것에 큰 성취감을 느낄 것이고 도전정신과 문제해결력을 키울 수 있게 된다.

실천 하브루타 사례 – 다툼

다툼을 주제로 두 아이와 함께 실천 하브루타를 해보았다.

- 엄마, 오빠는 만날 나한테 심부름만 시켜. 너무 화가 나.
- 오빠가 언제 심부름만 시켰어? 근처에 있는 거니까 가져다 달라고 하는 게 뭐가 나빠?
- 그런데 오빠는 내가 부탁하면 안 들어 주잖아.
- 언제 안 들어 줬는데?
- 어제도 내가 물 좀 떠다 달라고 했는데 무서운 소리로 "니가 떠다 먹어." 했잖아.
- 애들아 잠깐만… 너희 둘이 다투는 이유가 뭐지?
- 나만 심부름 시켜서 억울한 거야.
- 난 그런적이 없는데 황당한 거지.
- 그럼 두 사람이 다투는 이유를 뭐라고 정의할 수 있을까?
- 심부름을 시키는 문제
- 그럼 심부름 시키는 문제에 대해 의견을 한번 나눠 볼까?
- 동생이면 당연히 심부름을 해줄 수 있는 거지.
- 동생이라고 심부름 하라는 법이 어디 있어?
- 자, 그럼 두 사람 의견을 모두 적어보자.
- 오빠라도 정중하게 부탁한다.
- 부탁하면 기분 좋게 들어준다.

오빠도 부탁하면 잘 들어준다, 바쁘다고 하면 화내지 않는다.

(서로의 의견을 모두 적는다 - 이때 의견은 어떤 의견이라도 중간에 가로막지 말고 다 수용한다. 구체적인 실천 방법은 앞서 안내한 자녀와의 갈등을 해결하는 실천 하브루타 방법 참고)

서로의 의견이 다 나왔으니 이 중에서 실천할 수 있는 항목에 ○, 할 수 없는 항목에 × 표시를 해보자. (충분히 각 항목을 검토하며 ○, × 표시를 한다)

서로 ○, ○인 항목이 없으니 이제 이 정도면 실천해 볼 수 있겠다 싶은 항목을 △로 바꿔보자. (충분히 검토하며 스스로 절충안을 갖도록 한다)

둘 다 만족할 수 있는 방법이 나왔네? '오빠 심부름도 기분 좋게 들어주지만 동생의 부탁도 기분좋게 들어주기가 채택 됐구나. 잘되었다. 이제 일주일 동안 너희 둘이 채택한 이 항목 대로 한번 지켜보고 다음 주 토요일에 잘 지켜졌는지 다시 토론 해보자.

네 엄마. 좋아요!

약간의 실천 하브루타 팁을 준다면 원인을 없애는 방법, 과정을 좋게 하는 방법, 결과를 좋게 바꾸는 방법, 예방하는 방법 등 다양한 관점에서 이야기를 나누는 것이 좋다. 살다보면 이런저런 크고 작은 일로 다툼이 생길 때가 많다. 다툼을 주제로 실천 하브루타를 해보면 다양한 의견을 나누는 과정에서 지혜로운 해결책에 대한 아이디어를 많이 얻을 수 있다. 다음에 어떤 다툼이 생긴다면 예전보다는 훨씬 나은 결과를 가져오게 될 거라는 희망도 갖게 될 것이다. 올바른 문제해결 방법을 찾는데도 하브루타가 효과적이다. 가족끼리 갈등이 일어날 때는 앞서 예시로 든 컴퓨터게임과 관련한 실천 하브루타를 활용하면 좋다.

'경험과 질문, 설명, 실천' 등 네 가지 하브루타 방식은 어떤 주제로 누구와 대화를 나누든지 적용이 가능하다. 드디어 일상의 모든 순간에 하브루타를 활용할 수 있게 된 것이다. 아이와 함께 일상 모든 장면에서 하브루타를 꾸준히 실천하다보면 스스로 큰 변화가 찾아온다는 걸 깨닫게 될 것이다. '나부터, 작은 것부터, 지금 할 수 있는 것부터' 일상 하브루타를 실천해보자.

딱지로 할 수 있는 놀이들

◆

아이가 매트리스에서 딱지를 갖고 놀고 있을 때 아빠가 질문을 했다.

딱지치기 말고 다른 딱지 놀이는 없니?

후라이팬 놀이가 있어.

어떻게 하는 건데?

아빠 딱지가 내 딱지 위에 올라가면 아래 있는 딱지를 집어서 딱지를 뒤집는 거야.

그렇구나. 그거 말고 다른 놀이는 더 없어?

???

한 번 생각해 볼래?

알았어. 생각나면 알려줄게.

(잠시 후) 혹시 생각났니?

응. 딱지 쓰러뜨리기야.

어떻게 하는 건데?

이렇게 딱지를 탑처럼 쌓고, 옆에 고무 딱지를 놓은 다음, 고무 딱지가 튀어 오르면서 옆에 있는 딱지를 건드려서 쓰러뜨리면 그것만큼 가져가는 거야.

그거 재미있겠는데? 한 번 해볼까?

그래. 나부터 해볼게.

얍! 근데, 고무 딱지가 어디로 튈지 몰라서 딱지가 쓰러지지 않는데, 공중에 있을 때 손으로 한 번 치는 건 어때?

어떻게 한다고?

자 봐, 얍! 이렇게 말이야.

그건 반칙이야. 안 돼.

그래 알았어. 원래대로 하자. 얍!

얍!

딱지로 할 수 있는 놀이가 또 뭐가 있을까?

고무 딱지와 종이 딱지로 꽃을 만들 수 있어.

어떻게?

지난번에 받았던 긴 막대 사탕에 고무 딱지를 끼우고, 이렇게 종이 딱지로 꾸미면 되지.

그러게. 딱지로 멋진 작품도 만들 수 있구나. 근데, 아빠가 알고 있는 놀이도 있는데, 알려줄까?

어떻게 하는 건데?

우선 딱지를 손에 쥐고 멀리 날리는 사람이 이기는 거야.

한 번 보여줘.

이렇게 왼 손에 딱지를 쥐고, 오른쪽 새끼손가락으로 날리는 거지.

잘 안 되는데?

몇 번 하다보면 익숙해 질 거야. 얍!

얍!

다음으로 딱지 쳐내기가 있어.

그건 또 어떻게 하는 건데?

자, 테이블 위에 각자 한 장씩 딱지를 놓고, 손가락으로 쳐내는 거지. 이렇게.

잘 안 되는데?

방향을 잘 맞춰서 손가락을 움직여봐.

조금 어려운 것 같아.

자꾸 하다보면 잘 할 수 있을 거야.

별로 재미없는 것 같아.

그래? 그럼 딱지로 할 수 있는 좀더 재미있는 놀이는 뭘까?

글쎄.

한 번 생각해보고 내일 서로 하나씩 알려주기로 하자.

그래, 좋아.

독서 행위는 지적인 긴장과 일정한 시간,
지속적인 노력을 필요로 한다.
하지만 다매체 환경에서는 지적인 느슨함과
빠른 시간, 노력도 없이 감각적으로 정보를
이해하는 것에 그치게 되어 우려의 목소리가 크다.
왜냐하면 이렇게 화면만 대충 훑어보는 방식은
독서의 효율을 떨어뜨리고, 눈을 피곤하게 하며,
집중력도 떨어뜨리기 때문이다. 따라서
다매체 시대의 올바른 독서코칭을 위해서는
정보를 잘 선택하고 활용하며, 진지한
글 읽기를 실천하고, 정보 매체를
독서 생활에 적용하기 위한 노력이 필요하다.

Part4

일상의 다매체 콘텐츠를 활용하는 기적의 공부법

일상 하브루타 수업

0교시
다매체×하브루타=기적의 공부법

첨단 정보통신기술의 발달과 융합으로 4차 산업혁명 시대를
살고 있는 우리는 말에서 문자로의 변화를 경험한 것보다 훨씬 더
큰 변화를 경험하게 되었다. 현대인들은 책보다 스마트폰 등에서
다양한 지식과 정보를 실시간으로 주고받으며 기술의 이로움을 누리며
살고 있다. 이러한 급격한 변화 속에서 살고 있고,
앞으로 살아 갈 우리 아이들은 경제, 사회 등 전반에 걸쳐
혁신적인 변화를 창조하고 추구하는 시대를 살아갈 것이다.
그렇기에 더욱 독서가, 인문 분야가 주목받고 있다.
다매체 하브루타에서는 영상, 탈무드, 그림, 시, 노래 등의 콘텐츠를
어떻게 활용하여 아이들과 하브루타를 하는지에 대한 사례를 소개한다.

다매체 환경이 되면서 사람들은 지속적인 생각을 해야 하는 '읽기'에서 감각적으로 이해하면 되는 '보기'를 지향하게 되었다. 인터넷 정보는 가독성을 높이고, 정확하고 다양한 정보를 제공하며, 사용자들에게 편리함을 제공하기 위해 문자보다는 이미지나 동영상을 활용하는 경우가 많기 때문이다. 하지만 하이퍼링크로 하이퍼텍스트에 실시간으로 접근이 가능한 시대일수록 정보를 처리하고, 문제를 해결하며, 새로운 가치를 만드는 인간의 사고가 더욱 중요해지고 있다.

독서 행위는 지적인 긴장과 일정한 시간, 지속적인 노력을 필요로 한다. 하지만 다매체 환경에서는 지적인 느슨함과 빠른 시간, 노력도 없이 감각적으로 정보를 이해하는 것에 그치게 되어 우려의 목소리가 크다. 왜냐하면 이렇게 화면만 대충 훑어보는 방식은 독서의 효율을 떨어뜨리고, 눈을 피곤하게 하며, 집중력도 떨어뜨리기 때문이다. 따라서 다매체 시대의 올바른 독서코칭을 위해서는 정보를 잘 선택하고 활용하며, 진지한 글 읽기를 실천하고, 정보 매체를 독서 생활에 적용하기 위한 노력이 필요하다.

다매체 시대에는 이미지 읽기가 무엇보다 중요하다. '읽는 것'은 후천적 능력이지만 '보는 것'은 타고난 능력이다. 글은 누군가 읽어주어야 접근할 수 있지만 이미지는 스스로의 힘으로도 접근이 가능하기 때문에 글을 못 읽는 영유아와 어린이는 이미지로 소통하는 그림책이 잘 맞다. 그림책의 그림은 글을 묘사하고 설명하는 보조 역할만 하는 것이 아니라 글과 독립해서 독자적인 의미를 전달하거나 글과 상호작용하면서 제3의 의미를 만들어 낼 수 있으므로 책을 제대로 이해하기 위해 이미지 읽기가 중요하다.

가정이나 학교에서 접하는 책은 대부분 글자를 중심으로 의미를 전달하지만 신문과 잡지, TV, 간판, 웹사이트, 그래프, 파워포인트 등 실생활에서 접하는 삶의 텍스트들은 '글자+이미지' 형태로 의미를 전달한다. 따라서 커서도 그림책을 많이 보면 이미지가 가득한 세계의 다양한 매체를 이해하는 데 효과적이다.

다매체 시대에는 스마트폰을 활용한 전자매체 읽기도 중요하다. 스마트폰은 전화기와 컴퓨터, 인터넷과 TV, 게임, 메시지 등의 기능을 단순히 하나로 통합하는 데서 그치지 않고, 이 모든 기능을 언제 어디서나 편리하게 쓸 수 있다는 점에서 이전 매체와는 차원이 다른 환경을 만들어 냈다. 대부분 무료로 기다림이나 수고도 없이 다양한 텍스트에 접근이 가능하면서 은밀하고, 개인적이면서, 일상적으로, 언제 어디서든 문자와 그림, 영상 등 다양한 텍스트를 접할 수 있게 되었다. 청소년들이 스마트폰에 중독 증상을 보이면서 빠져드는 이유는 시각중추가 형성되면서 뇌 발달이 활발하게 이루어지는 어릴 때부터 스마트폰에 노출되었기 때문이다. 그리고 학원, 성적, 입시 등에 대한 경쟁으로 오감을 활용해 몸으로 직접 부딪치는 체험을 마음 편하게 할 수 없는 환경 속에서 개별적으로 고립된 아이들이 그나마 눈치껏 자투리 시간을 활용해 소통하는 방식이기 때문이다.

무엇이든 척척 해내는 스마트폰은 어떻게 활용하느냐에 따라 바보를 만드는 도구가 될 수도 있고, 천재를 만드는 마술지팡이가 될 수도 있다. TV를 '바보상자'라 부르고, 만화를 '반 바보상자'라 부르는 이유는 TV나 만화를 보는 동안 생각을 하지 않기 때문이다. 스마트폰은 TV와 만화뿐만 아니라 그림과 게임, 영상 등도 이용이 가능하므로 생각 없이 이용한다면 더욱 빠르게 사고력을 떨어뜨리게 될 것이다.

따라서 스마트폰의 장점을 살리려면 다양한 매체로 하브루타를 하는 것이 좋다. 다른 사람과 통화를 하고나서 어떤 말이 오갔는지 이야기를 나누고, 문자를 주고받은 후에 어떤 내용이었는지 대화를 나누며, 인터넷 TV를 보거나 게임을 하면서도 생각나는 것이 있으면 얘기를 하고, 만화나 그림을 본 후에 어떤 내용이었는지, 느낌은 어땠는지, 무슨 생각이 들었는지 등에 대해 얘기를 나눈다면 생각하는 힘이 쑥쑥 자라게 될 거라 믿는다.

TV나 인터넷, 스마트폰 등의 전자매체는 아이들의 뇌 발달을 저해하고, 사시나 학습 장애를 유발할 가능성도 높기 때문에 만 2세 미만의 유아에게는 절대로 접하지 않게 해야 하고, 아이들이 크면서는 약속과 규칙을 정해서 사용하도록 해야 한다. 예를 들어 TV나 컴퓨터를 거실이나 공용 공간에 놓고, 잠자러 방에 들어갈 때는 스마트폰을 거실에 두고 충전하도록 하며, 사용시간을 정해 알람을 맞추어 놓고, 전자매체 사용에 대해 충분한 대화를 나누는 것이 좋다.

다매체 시대를 살고 있는 우리 아이들 세대에게 중요한 것은 올바른 콘텐츠의 이용과 활용일 것이다. 다양한 콘텐츠 중에서도 상상력과 판단력 등 감성 지수를 높이는 영상, 탈무드, 그림, 시, 노래 등의 콘텐츠를 이용하여 하브루타를 하는 방법을 소개한다. 콘텐츠는 아이가 흥미와 관심있어 하는 것이라면 어떤 것을 먼저 시작해도 상관없다. 방법론을 살펴본 후 내 아이에게 맞는 것을 우선으로 시도해 보자.

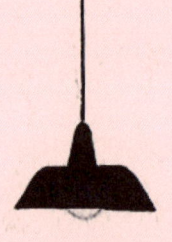

1교시
감성을 자극하는 영상 하브루타 수업

영상매체는 현대사회에서 가장 영향력이 큰 대중매체이다.
한 편의 영화제작을 위해서는 제작자, 감독, 시나리오 작가, 배우, 촬영기사,
미술가, 음악가, 녹음전문가, 조명전문가, 현상전문가, 무대전문가,
스텝 등 수많은 사람이 협업을 해서 제작하는 종합예술이라고 할 수 있다.
영화는 그 사회의 문화를 담고 있으며 제작자의 의도를 반영한다.
요즘은 언제 어디서나 휴대전화를 통해 일상에서 누구나 쉽게
영화를 관람할 수 있고, 영화 내용 중에 의미있는 부분을 짧게 편집해
유튜브와 같은 곳에 탑재해 놓은 경우도 많아 쉽게 접할 수 있고
재미도 있어 하브루타 하기에 매우 좋은 콘텐츠이다.
특히 좋은 내용의 짧은 영상을 보고 하브루타를 한다면
교육적인 면에서도 어떤 매체보다 효과가 매우 좋을 것이다.
아이들과 함께 하브루타를 하기 좋은 영상과 사례를 소개한다.
* 소개하는 영상 자료는 유튜브 등과 네이버 ZINBOOK 하브루타 카페
'다매체 진북 하브루타 추천 콘텐츠 게시판'에서도 구할 수 있다.

1 | 《두 마리의 늑대 개》

어느 인디언 부족의 추장 노인이 어린 손자를 앉혀놓고 얘기를 나누고 있었다.

"우리 마음 속에는 선한 늑대와 악한 늑대가 살고 있는데, 두 마리는 항상 서로 싸우고 있단다."

"어떻게요?" 호기심 어린 눈으로 손자가 물었다.

"악한 늑대가 갖고 있는 마음은 화내고, 슬퍼하고, 짜증내고, 욕심내고, 남과 비교하고, 혼자만 생각하는 이기심이란다. 선한 늑대가 갖고 있는 마음은 기쁨, 사랑, 인내심, 배려심, 친절함, 진실함, 겸손함, 동정심, 용기, 믿음이란다. 마음 속의 두 마리 늑대가 서로 싸우면 누가 이길까?"

손자가 잠시 생각에 잠겼다가 입을 열었다.

"그야, 힘 센 쪽이 이기겠죠. 그런데 어떤 쪽이 더 힘이 센가요?"

노인은 빙그레 웃으며 손자를 바라보며 말했다.

"우리가 먹이를 주는 늑대가 이긴단다."

이 영상을 선정한 이유

《두 마리의 늑대 개》는 늘 자연과 하나가 되길 원했던 체로키 인디언들의 지혜를 담은 영상이다. 인디언들은 동물이나 식물, 물과 하늘, 바람과 눈, 비 등 모든 자연을 성스러운 것으로 여겼고 형제처럼 아꼈다. 인디언에게는 수많은 지혜로운 이야기들이 전해 내려오는데 그들의 이야기 속에는 자연에 대한 사랑을 담거나 내면을 돌아볼 수 있는 깊은 통찰력을 주는 내용들로 되어 있어 하브루타 하기에 더 없이 좋은 콘텐츠로 볼 수 있다.

◆ 하브루타로 나눈 사례 ◆

이 내용 교회에서 목사님 설교 말씀 중에 들은 적이 있어.

그랬었지? 우리 영지 마음 속에 사는 늑대 중에는 어떤 늑대가 더 힘이 센 거 같아?

어떤 때는 악한 늑대가, 어떤 때는 선한 늑대가 힘이 세지.

악한 늑대가 힘이 세질 때는 어떤 때야?

나는 짜증날 때가 많은 것 같아. 늦잠을 자고 싶은데 엄마가 깨울 때, 아침 밥 안 먹고 싶은데 꼭 먹어야 한다고 할 때, 공부하기 싫은데 공부해야 할 때, 놀고 싶은데 해야 할 일이 있어 놀지 못할 때 등. 그런데 화나거나 슬프거나 짜증나거나 그런 감정이 왜 악한 늑대라는 거지? 엄마가 전에 우리의 감정에는 좋은 감정, 나쁜 감정이 없다고 했잖아. 모든 감정은 다 생길 수 있는 것으로 인정해야 하는 거라면서.

🧑 그렇지. 그런 감정이 생기는 게 악한 것일까?

🙂 안 좋은 감정은 생길 수 있는데 그런 감정에 내 마음을 자꾸 주면 안 된다는 거지?

🧑 그래. 그렇겠지? 친구로 인해 속상한 감정이 생겼는데 자꾸 그 생각만 하고 있고 친구를 절대 용서하지 않는다면 내 마음 속에 있는 늑대 두 마리 중에 누구 힘이 세지는 걸까?

🙂 당연히 악한 늑대지.

🧑 그럴 때 왜 악한 늑대라고 표현을 할까?

🙂 속상한 마음을 계속 갖고 있으면 기분도 나쁘고 소화도 안 되고 그 친구를 계속 미워하게 돼서 결국 그 친구도 나를 미워하게 되니까.

🧑 우리 영지가 너무 잘 알고 있네. 그럼 속상한 감정이 들 때는 어떻게 해야 할까?

🙂 어떻게 해야 선한 늑대가 이길 수 있을지 생각을 해봐야겠지? 나쁜 기분에서 빨리 빠져 나올 수 있도록.

🧑 영지는 어떻게 하면 나쁜 기분에서 빨리 빠져나올 수 있어?

🙂 나는 좋아하는 음악을 듣거나 맛있는 걸 먹으면 잊게 돼.

🧑 그것도 좋은 방법이네. 그런데 그 친구에게 나빴던 감정이 사라져 버릴까?

🙂 아니. 그 친구를 보면 또 기분이 나빠지겠지.

🧑 그럼 감정을 바꾸는 방법은 없을까?

🙂 어떻게 감정을 바꾸지? 아! 아까 추장님이 말했던 기쁨, 사랑, 인

내심, 배려심, 친절함, 진실함, 겸손함, 동정심, 용기, 믿음 같은 것들 중에서 바꿀 수 있는 감정을 찾아보면 좋을 것 같아.

정말 좋은 생각이네. 여기 미덕의 언어 52가지 카드가 있으니 이 중에서 어떤 걸로 바꿀 수 있는지 찾아볼까?

용기, 용기를 내서 친구한테 섭섭했던 이유를 솔직하게 이야기 한다.

그 다음은?

용서, 친구가 나한테 서운하게 했던 일을 사과하면 깨끗이 용서한다.

우리 영지 정말 대단한 걸? 앞으로 착한 늑대를 많이 키울 것 같네?

그래.

이 영상을 보고 대화해 볼만한 주제

• 영상을 보고 난 느낌
• 영상에서 이야기 하고 있는 주제
• 제목에서 말하고 있는 함축적인 내용
• 영상 장면 하나하나에 대한 이야기
• 이야기 전개에 대한 내용
• 영상을 보며 느낀 점
• 배경으로 사용된 음악에 대해서
• 주인공의 입장 되어보기

이 영상을 보고 엄마가 아이한테 던져볼만한 질문

• 이 영상을 보니 어떤 느낌이 드니?

- 네가 이 영상의 제목을 다시 만든다면 무엇으로 하겠니?
- 이 영상에서 착한 늑대, 악한 늑대는 뭘까?
- 네 안에는 착한 늑대와 악한 늑대 중 누가 힘이 세지?
- 왜 선한 늑대, 악한 늑대라고 했을까?
- 악한 늑대를 물리치려면?
- 선한 늑대가 많이 살도록 하려면?

이 영상으로 하브루타를 할 때 참고 할 내용

주제가 명확하고 비유와 상징이 있는 좋은 영상으로 이야기할 거리가 많은 영상이다. 영지와 엄마의 대화에서 보여주듯이 늑대로 표현된 선한 생각(마음)과 악한 생각(마음)으로 시작 된 하브루타가 우리의 감정에 대한 이야기로 확대되고 더 나아가 우리 안에 일어나는 악한 생각이나 감정을 다스릴 수 있는 방법까지 이어질 수 있었다. 버츄카드나 감정카드 등을 활용해 아이 스스로 자신의 감정을 다스릴 수 있는 방법까지 생각해 낸다면 정말 훌륭한 하브루타가 될 것이다.

이 영상을 보고 또 어떤 얘기를 나눌 수 있을까? 강의 교육 현장에서 아이들은 "우리 마음 속에 선한 늑대와 악한 늑대가 산다는 게 놀랍다.", "선한 늑대에게 먹이를 많이 줘야겠다." 등의 의견을 이야기 했다. 어른들은 "험한 세상을 살아가며 신앙심을 유지하려면 어떻게 마음을 먹느냐가 중요하다는 깨우침을 얻었다.", "어릴 때부터 아이 스스로 결정할 수 있는 기회를 많이 주는 것이 중요할 것 같다.", "선한 늑대는 이성적인 사고, 악한 늑대는 감성적인 사고에 해당하므로 감정이 앞서기 보다는 이성적으로 차분하게 판단하는 것이 좋을 것 같다.", "선한 늑대와 악한 늑대 중에서 어떤 늑대에게 먹이를 줄 것인지 늘 생각해야겠다.", "먹이를 준다는 것이 어떤 의미인지 생각해보게 되었다.", "악한 늑대보다 선한 늑대에게 먹이를 주기 위한 구체적인 방법을 생각해 놓아야겠다." 등의 다양한 생각을 주고받았다.

2 | 《줄무늬 파자마를 입은 소년》

　나치 장교인 아버지를 따라 이사를 하게 된 브루노는 창문 너머로 줄무
늬 파자마를 입은 사람들이 일 하는 이상한 농장을 발견하게 된다. 어느 날
브루노는 호기심에 그 농장을 찾아갔다. 거기에서 한 소년을 만나게 되었다.

　"난 브루노야. 넌 몇 살이야?"
　"난 여덟 살이고, 슈무엘이라고 해."
　그렇게 독일인과 유대인 아이는 친구가 되었다.

　그렇지만 선생님은 유대인은 나쁜 사람이라고 이야기 하고, 어머니는
아버지를 괴물이라고 했으며, 아버지는 그저 나라를 위한 일이라고 했다.
그런데 홍보영상으로 본 슈무엘이 사는 곳은 즐거워 보였다. 며칠 뒤 브루
노는 식당에서 유리잔을 닦고있는 슈무엘을 보았다. 브루노는 반가운 마음
에 슈무엘에게 갖고 있던 빵을 나눠 주었다. 잠시 후 독일 장교가 들어와서
는 슈무엘에게 화를 내며 몰아세웠다.

　"이 유대인 도둑놈이 빵을 훔쳐 먹다니!"
　"아니에요. 저 친구가 준 거에요."

　슈무엘은 겁이 나서 대답했다. 독일 장교는 브루노를 쏘아보며 물었다.

"너, 이 유대놈을 알아?"

브루노도 무서워서 얼떨결에 대답했다.

"아니오, 모르는 아이에요."

슈무엘은 황당한 표정을 지었다.
다음 날 농장에서 다시 만난 슈무엘은 누군가에게 맞았는지 한쪽 눈에 피멍이 들어 있었다. 브루노가 말했다.

"미안해. 내가 잘못했어. 나도 내가 왜 그랬는지 모르겠어."

슈무엘은 아무 대답도 하지 않고 땅만 바라보고 있었다. 브루노가 다시 한 번 용기를 내서 말했다.

"용서해줘, 슈무엘. 우리 아직 친구인거 맞지?"

브루노는 손을 내밀었고, 슈무엘도 손을 잡으며 브루노를 용서해 주었다.
그런데 슈무엘이 자기 아빠가 보이지 않는다고 말했다. 브루노는 함께 찾아보자고 말하고는 집에서 삽을 가져왔다. 브루노는 농장 밖에서 슈무엘이 빌려준 옷으로 갈아입고, 농장 바닥을 파고 안으로 들어갔다. 농장 안으로 들어간 브루노는 카페가 어디있냐고 물었고, 슈무엘은 카페 같은 것은 없다고 대답했다. 브루노는 홍보영상에서 봤던 것과는 너무도 다른 모습에 조금 충격을 받았다.

잠시 후 농장 관리자가 들어오더니 사람들을 어딘가로 데리고 갔다. 모두 옷을 벗으라고 하자 브루노는 단체로 샤워를 시켜주는 줄 알았다. 하지만 그곳은 유대인을 한꺼번에 죽이기 위한 독가스실이었다. 그 사이 브루노의 아버지와 어머니는 사라진 브루노를 찾다가 농장 밖에 벗어 놓은 옷을 발견했다.

독가스실에서 브루노는 슈무엘의 손을 잡으며 말했다.

"이제 다시는 이 손을 놓지 않을 거야."

천장에서 알 수 없는 액체가 쏟아졌고, 브루노와 슈무엘은 다른 사람들과 함께 숨을 거둔다. 브루노의 엄마는 오열했고, 아빠도 큰 슬픔에 잠겼다. 수용소 안은 죄수복들만 덩그러니 남았다.

이 영상을 선정한 이유

하브루타 수업자료로 사용된 적이 있던 영상으로, 아이들과 다양한 생각을 나눌 수 있을 것이다. 이 영상은 아우슈비츠 수용소장의 아들 브루노의 시각으로 홀로코스트를 조명한 작품으로 끔찍한 장면을 직접 보여 주지 않음에도 불구하고 홀로코스트의 참상을 충격적으로 알렸던 작품이다. 이 영상으로 하브루타를 하다보면 평소 깊이 생각하지 못하고 살아가고 있는 우리 민족의 아픈 역사에 대해서도 다시 한 번 되새겨 볼 수 있게 될 것이다.

◆ **하브루타로 나눈 사례** ◆

🧒 (눈물) …….

🧒 …….

🧒 아, 어떡해. 너무 슬프다. 홀로코스트가 저거구나.

🧒 그러게, 너무 슬프고 잔인한 영화네.

🧒 나치스는 인간이 할 수 없는 잔인한 짓을 저지른 것 같아.

🧒 홀로코스트에 대해서 들어봤어?

🧒 응. 학교에서 사회선생님이 빅터 프랭클의 〈죽음의 수용소에서〉에 대해 이야기해 주셨거든.

🧒 그랬구나. 그 이야기 듣고 이 영화도 보니까 홀로코스트가 뭔지 생생하게 느껴지겠네.

🧒 선생님 말씀이 그래도 독일 사람들은 저런 영화를 아이들에게 보여주고 독일인들이 왜 그런 일을 벌였는지 반성하는 수업을 한대.

그래서 아이들이 부모한테 그 때 말리지 않고 뭐했냐고 따지기도 한다고 하더라구. 일본과는 정말 다른 모습을 보인다고 했어.

그렇구나. 유대인들도 자신들이 핍박 받아온 역사를 그대로 보존해서 후손들에게 알려주고 다시는 반복되지 않도록 교훈을 준다고 해. 일본사람들도 문제지만 우리나라 사람들의 역사 의식에는 문제가 없을까?

우리는 아픈 과거를 너무 빨리 잊어버리는 것 같아. 역사를 제대로 돌아볼 기념관 같은 곳도 관리를 제대로 안하고 있는 곳이 많다고 하고, 역사 바로 세우기 같은 건 구호에 불과한 것 같고.

- 중략 -

이 영상을 보고 대화해 볼만한 주제

- 영상을 보고 난 느낌
- 영상에서 이야기 하고 있는 주제
- 제목에서 말하고 있는 함축적인 내용
- 영화 장면 하나하나에 대한 이야기
- 이야기 전개에 대한 내용
- 영상을 보며 느낀 점
- 배경으로 사용된 영화 음악에 대해서
- 주인공의 입장 되어보기

이 영상을 보고 엄마가 아이한테 던져볼만한 질문

- 이 영화를 보니 어떤 느낌이 드니?

- 이 영화의 제목이 뜻하는 게 뭘까?
- 홀로코스트가 뭘까?
- 우리나라 사람들이 핍박 받았던 사건은?
- 이 영화에서 다루고자 한 내용은 무엇일까?
- 유대인은 홀로코스트 같은 비극을 겪고도 어떻게 세계 최강의 영향력을 갖게 되었나?
- 우리나라 위안부 문제는 어떻게 해결 될 수 있을까?
- 우리나라의 역사의식은 어떠한가?

이 영상으로 하브루타를 할 때 참고 할 내용

이 영화의 줄거리로 어떤 얘기를 나눌 수 있을까? 영지와 엄마처럼 유대인 학살로 시작해서 우리나라 역사의식에 관해서 이야기를 확대할 수도 있을 것이고, 유대인 홀로코스트를 주제로 한 영화를 좀더 찾아 볼 수도 있을 것이다. 강의 교육 현장에서 아이들과 이 영화를 보고나서 느낌을 물으면 대부분 많은 유대인들이 가스실에서 죽었다는 사실보다 죽은 두 아이에게 집중하는 경향을 보인다. 어른들은 "독일 장교가 슈무엘을 아냐고 물었을 때 브루노가 모른다고 대답하는 장면이 너무 안타까웠다.", "홀로코스트 학살 장면을 보면서 세월호 참사가 생각났다.", "다른 사람의 자식이 죽었을 때도 자신의 자식이 죽었을 때와 마찬가지로 슬픔이 느껴져야 이런 비인륜적인 사건이 재발하지 않을 것이다.", "독일 장교 아버지가 '시키는 대로 했을 뿐'이라고 말하는 장면에서 악인도 밥을 먹고, 잠을 자며, 자식들을 키우고 있다는 현실이 안타깝게 느껴진다." 등의 의견을 나누게 되었다, 이 영상을 보고 "공무원이나 군인이라면 조직이나 나라에서 시키는 부당하고 정의롭지 않은 일에 대해 어떻게 해야 할까?"라는 질문으로 뜨거운 토론을 벌일 수도 있을 것이다.

3 | 《나는 아버지입니다》

릭은 전신 마비 증상으로 생후 8개월에 식물인간 판정을 받았다. 그러나 부모는 릭을 포기할 수 없었다. 시간이 지나 릭은 처음으로 감정을 표현하게 되었다.

"달리고 싶다."

아버지 딕은 직장을 그만두고 함께 달리기 시작했다. 1981년 보스턴 마라톤 첫 출전에서 코스 1/4 지점에서 포기하고 말았다. 그러나 아버지는 아들의 꿈을 이루어주고 싶었다. 이듬해인 1982년 보스턴 마라톤 완주에 성공했다. 그날 릭은 이렇게 말했다.

"아버지, 오늘 난생 처음으로 제 몸의 장애가 사라진 것 같다는 생각을 했어요."

마라톤 완주까지 성공한 후 릭은 '철인 3종 경기'라는 더 큰 꿈을 꾸게 되었다. 세월과 같이 늙어가는 아버지는 수영도 할 줄 몰랐고, 6살 이후에는 자전거를 타 본적도 없었다. 사람들은 불가능할 것이라고 말했다. 하지만 아들의 꿈을 위해 아버지는 수영을 배워 허리에 고무보트를 묶어 아들을 태우고 수영을 했고, 아들을 태운 자전거로 180km의 용암지대를 달렸으며, 아들이 탄 휠체어를 밀며 42.195km의 마라톤을 완주했다.

사람들은 그 부자를 위해 끝까지 남아 그들을 기립박수로 맞아주었다. 5km 마라톤 64회 완주, 단축 철인 3종 경기 완주, 미국 대륙 횡단 6000km 완주.

"아버지가 없었다면 할 수 없었을 거에요."

"네가 없었다면 아버지는 하지 않았다."

"아버지는 나의 꿈을 실현시켜 주셨어요. 아버지는 내 날개를 받쳐 주는 바람이에요."

불가능의 벽을 넘는 위대한 도전은 계속되고 있다.

이 영상을 선정한 이유

이 영상은 장애를 가졌지만 자신을 포기 하지 않은 아들과 그런 아들을 위해 자신의 모든 것을 헌신한 아버지의 감동적인 이야기이다. 유튜브 조회 1500만 뷰와 다큐, 책, 영화 등으로 제작되어 전 세계를 눈물바다로 만든 감동의 실화이다. 엄마 입장에서 이 영상을 처음 접했을 때 '만약 내 아이가 릭처럼 전신마비가 되었다면 나는 어땠을까?'라는 생각만으로도 가슴이 먹먹해졌었다. 가족의 사랑을 다룬 영상을 보면 가족애가 더욱 끈끈해질 수 있다. 감동적인 실화로 아이들과 하브루타를 해 보자.

◆ 하브루타로 나눈 사례 ◆

🧑 정말 감동적인 영상이네.

👩 어떤 부분이 가장 감동적이었어?

🧑 아들의 소원을 이루어주기 위해서 못하던 수영도 배우고 보통 사람도 해내기 힘든 철인 3종 경기 대륙 횡단… 어떻게 그렇게까지 할 수 있을까?

👩 자식에 대한 사랑이 그만큼 큰 거겠지?

🧑 모든 부모가 그렇지는 않잖아.

👩 그렇겠지? 딕은 어떻게 그렇게 대단한 일을 해내게 되었을까?

🧑 릭이 어릴 때부터 식물인간이었고 언제 죽을지 모르는데 하고 싶어 하는 게 생겼기 때문에 더 간절해진 것 같아.

👩 그럴 수도 있겠네. 우리는 늘 많은 날이 남아있다고 생각해서 간

절하지 않은 건지도 모르겠네?

맞아. 오늘이 마지막이라고 생각하면 소중하지 않은 게 없을 것 같아.

우리 영지는 오늘이 마지막이라면 무엇을 하고 싶을까?

음…. 생각을 해봐야 할 것 같아.

그래, 생각하는 시간을 갖고 이야기 해볼까?

스피노자가 말했다는 '한 그루의 사과나무'를 심어야겠지?

영지의 사과나무 한 그루는 뭘까?

가족끼리 맛있는 음식도 먹고 같이 즐겁게 시간을 보낼 것 같아.

그게 바라는 거야?

나는 평소에 우리 가족이 원없이 잘 지내온 것 같아서 특별히 바라는 게 없는데? 그냥 같이 있기만 하면 될 것 같고 평소대로 맛있는 것도 먹고 같이 놀고 그럼 좋을 것 같아.

엄마랑 똑같네? 스피노자가 말했다는 한그루의 사과나무는 어떤 뜻일까?

답이 어딨어? 사람마다 다르겠지. 오히려 평범한 일상이 소중하다 뭐 그런 뜻이 아닐까?

우리 영지 철학자 같네?

이 영상을 보고 대화해 볼만한 주제

• 영상을 보고 난 느낌

- 영상에서 이야기 하고 있는 주제
- 제목에서 말하고 있는 함축적인 내용
- 영상 장면 하나하나에 대한 이야기
- 이야기 전개에 대한 내용
- 영상을 보며 느낀 점
- 배경으로 사용된 음악에 대해서
- 주인공의 입장 되어보기

이 영상을 보고 엄마가 아이한테 던져볼만한 질문

- 이 다큐를 보니 어떤 느낌이 드니?
- 이 다큐의 제목 〈나는 아버지입니다〉가 뜻하는 게 뭘까?
- 부모님이 나를 정말 사랑한다고 느낀 적은?
- 이 영상에서 다루고자 한 내용은 무엇일까?
- 릭은 왜 아버지 딕의 입장을 생각하지 않고 무리한 요구를 했을까?
  (나이, 경험, 신체조건 등)
- 자식이 원하는 일이라면 뭐든 들어줘야 할까?
- 만약 부모님이 릭과 같은 장애를 갖고 있다면?
- 내가 만약 릭과 같은 상황이라면?

이 영상으로 하브루타를 할 때 참고 할 내용

이 영상을 보고 어떤 얘기를 나눌 수 있을까? 강의 교육 현장에서 아이들은 "우리 부모님도 내가 아팠다면 저렇게 해주셨을 것이다.", "혼자서도 하기 힘든 철인 3종 경기를 아들을 태우고 해낸 아버지가 중간에 포기하지 않은 원동력은 무엇일까?", "휠체어에 타고 있던 릭도 많이 힘들었을까?", "릭은 나이든 아버지에게 어떻게 무리한 부탁을 했을까?" 등의 질문으로 토론을 했다. 부모들은 "우리 부모님의 희생과 숭고한 사랑에 대해 생각해 보게 되었다.", "어릴 때 잘못한 일로 나무라시며 자신의 종아리를 때리시던 아버지의 모습이 떠올랐다.", "믿고 지지해주는 사람이 있다는 것이 인생의 가장 큰 복인 것 같다.", "아버지가 언제까지 아들 곁을 지켜줄 수 있을지 염려가 된다.", "지나치게 모성애를 강조하는 한국의 문화와 달리 부성애를 보여준 영화여서 신선하다.", "아이들에게 보여주면 긍정적인 반응을 보일지 부정적인 반응을 보일지 궁금하다.", "아버지가 없었다면 할 수 없었어요', '네가 없었다면 아버지는 하지 않았다'라는 대사에서 서로에게 '존재의 이유'가 되어주는 부자의 사랑에 감동을 받았다.", "산란 준비부터 부화와 독립시키기까지 새끼를 낳고 키우는 모든 과정을 전적으로 책임지는 가시고기의 이야기가 떠오르면서 모성애만큼이나 위대한 부성애에 감동을 받았다."는 등의 이야기를 나누었다.

4 | 《야생으로 돌아간 아기사자 크리스티앙의 재회》

동물원에서 태어난 아기 사자 한 마리가 있었다. 이 아기 사자는 태어나자마자 영국 런던에 있는 헤롯 백화점으로 팔려가게 되었다. 돈 만 있으면 못 사는 게 없을 정도로 꽤 유명했던 헤롯 백화점에서는 아기 사자를 홍보용으로 판매하고 있었다. 그리고 사자는 호주에서 온 청년 2명의 마음을 사로잡았다. 그 두 청년의 이름은 존과 앤서니.

자유분방한 두 청년은 당시 세계 곳곳을 여행 중이었다. 그들은 여행 중 헤롯 백화점에서 아기 사자의 매력에 사로잡혀 사게 되었다. 그때는 사자도 사고파는 것이 가능했다. 그렇게 아기 사자를 키우게 된 두 청년은 아기 사자에게 크리스티앙이라는 이름도 붙여 주었다. 사랑을 듬뿍 받고 자라난 크리스티앙 사자는 맹수이지만 두 청년의 보살핌 덕분에 사람들에게도 잘 다가가고 애교도 많은 사자로 길러졌다.

그리고 일년 후 크리스티앙의 크기는 두 청년이 감당하기가 어려울 정도로 급속도로 커져 버렸다. 몸무게가 무려 83kg이나 나갔고, 움직이면 집에 있는 물건들이 모두 산산조각 나버렸다. 결국 두 청년들은 더 늦기 전에 크리스티앙을 야생으로 돌려보내기로 결정했다. 하지만 인간과 함께 살아온 크리스티앙이 야생에서 잘 적응 할 수 있을지 걱정이 되었다. 그래서 사자의 아버지로 불리던 아담슨에게 도움을 청하게 되었고, 아담슨은 크리스티앙이 야생에서 적응할 수 있도록 도와주었다. 그렇게 크리스티앙이 가게 된 곳은 아담슨이 사자를 관리하고 있던 케냐의 코라 국립공원이었다.

크리스티앙을 보낸 후 1년이 흘렀다. 두 청년은 오랜 만에 크리스티앙을 보기 위해 아프리카 케냐로 찾아갔다. 하지만 동물사육사와 주변 사람들은 크리스티앙이 사람 손에 길러졌어도 일 년이 지난 지금은 맹수로 변해있을 거고, 사자의 본성은 변하지 않으니 주의하라는 충고를 해주었다. 사자는 동물의 왕이라고 불릴 만큼 맹수기 때문에 자칫하면 목숨과도 관련되어 있는 무모한 시도였다.

하지만 존과 앤서니는 아랑곳 않고 보호 장비도 없이 크리스티앙을 보기 위해 길을 나섰다. 저 멀리서 크리스티앙은 주인을 알아본 것인지 혹은 먹잇감으로 본 것인지 무섭게 돌진해 왔다. 그리고 청년들의 품에 안겼다. 크리스티앙은 청년들을 기억하고 있었다. 이 영상이 세상에 알려지면서 전 세계인의 마음을 울리게 되었다. 그때 당시 다큐멘터리로 제작되어 많은 언론에 보도되면서 영화로도 만들어졌고 책으로도 나왔다.

1974년 청년들은 마지막으로 크리스티앙을 보러갔다. 사람들은 청년들이 오기 전날 크리스티앙이 누군가를 기다리는 듯이 바위에서 앉아 있다가 이내 밀림으로 돌아갔다고 말했다. 그 이후로 크리스티앙을 본 사람은 아무도 없다.

이 영상을 선정한 이유

　　이 영상 역시 감동적인 실화이다. 크리스티앙은 비록 동물이지만 인간과의 교류 속에서 인간에 대한 좋은 감정과 기억을 오래도록 마음에 남기고 있음을 보여주고 있다. 우리 나라에서도 최근 반려 동물에 대한 관심이 많이 높아져 강아지나 고양이 등을 키우는 집들이 많다. 애완동물은 이제 반려동물이라는 표현으로 바뀔만큼 인식도 달라졌다. 우리집에서도 강아지를 키우고 있는데, 두 딸 아이들이 워낙 사랑을 쏟아서인지 의기양양하고 짖는 소리도 우렁차다. 동물과 인간의 감정 교류, 동물 사랑 등에 대한 다양한 하브루타를 할 수 있을 것이다.

◆ 하브루타로 나눈 사례 ◆

- (눈물, 강아지를 끌어안으며) 역시 맹수여도 자기를 키워준 주인은 알아보네. 사람보다 동물이 낫다는 말이 그래서 있나봐.

- 좀 씁쓸한 이야기네.

- 사람은 배은망덕 한 사람이 많다고 하잖아. 고마움도 잘 잊어버리고.

- 야생으로 돌아간 크리스티앙이 어떻게 자기를 키워준 존과 앤서니를 알아봤을까?

- 우리 단추처럼 동물은 시각과 후각, 청각이 엄청 발달해서 멀리서 모습만 보고도 알았을 것 같아. 냄새랑 소리를 듣고도 주인이라는 걸 알았을 거야.

- 과학적인 근거인데? 그런데 크리스티앙은 왜 더 기다리지 않고 밀

림으로 돌아가버렸을까?

아마도 밀림 속에 가족이 있었을 것 같아. 암사자랑 아기 사자들이 있지 않았을까? 엄마, 이야기 그만하고 우리 단추랑 산책하러 가자.

그러자.

이 영상을 보고 대화해 볼만한 주제

- 영상을 보고 난 느낌
- 영상에서 이야기 하고 있는 주제
- 제목에서 말하고 있는 함축적인 내용
- 영상 장면 하나하나에 대한 이야기
- 이야기 전개에 대한 내용
- 영상을 보며 느낀 점
- 배경으로 사용된 음악에 대해서
- 주인공의 입장 되어보기

이 영상을 보고 엄마가 아이한테 던져볼만한 질문

- 이 다큐를 보니 어떤 느낌이 드니?
- 이 다큐의 제목 〈야생으로 돌아간 아기사자 크리스티앙의 재회〉를 보고 드는 생각은?
- 이 영상에서 다루고자 한 내용은 무엇일까?
- 크리스티앙은 왜 밀림으로 돌아가 다시 오지 않았을까?
- 만약 크리스티앙이 밀림에서 적응하지 못했다면 어떻게 해야할까?

- 야생 동물을 사고 파는 것은 옳은가?
- 키워준 사자여도 보호장비도 없이 무모하게 사자를 찾아 간 것은 옳은 일일까?

이 영상으로 하브루타를 할 때 참고 할 내용

강의 교육 현장에서 이 영상을 보고 아이들은 "지금도 사자를 파는 백화점이 있을까?", "사자 가격이 얼마였을까?", "모든 사자는 자기를 길러준 주인을 알아볼까?", "강아지도 사자처럼 오랜 시간이 지나도 주인을 알아볼까?" 등의 질문이 나왔다. 부모님들은 "인간과 동물의 따뜻한 교감에 감동을 받았다.", "사자랑 뒹굴 수 있으니 천국이 따로 없겠다. 부럽다.", "사자가 청년들에게 달려드는 모습이 너무 감동적이어서 반복해서 보았다.", "백화점에서 아기사자를 팔았다는 사실이 충격이다.", "인간 중심으로 돌아가는 세상을 되돌아보며 모든 생물들이 공존하는 지구가 되길 바라는 마음이 들었다.", "여행을 갔다가 유기견 센터에서 데려온 개들과 함께 살았던 경험이 떠오른다.", "만약 야생동물과 동물원의 동물, 가축 등 주변에서 볼 수 있는 동물들이 나였다면?" 같은 소감과 질문으로 하브루타를 이어갔다.

5 | 《어느 소방관의 기도》

(스모키 린 A.W. Smokey Linn / 미국)

신이시여, 제가 부름을 받을 때는
아무리 강력한 화염 속에서도
한 생명을 구할 수 있는 힘을 저에게 주소서

너무 늦기 전에 어린 아이를 감싸 안을 수 있게 하시고
공포에 떠는 노인을 구하게 하소서

저에게는 언제나 안전을 기할 수 있게 하시어
가냘픈 외침까지도 들을 수 있게 하시고
신속하고 효과적으로 화재를 진압할 수 있게 하소서

그리고 신의 뜻에 따라 저의 목숨을 잃게 되면
신의 은총으로 저의 아내와 가족을 돌보아 주소서

신이여! 열심히 훈련했고 잘 배웠지만
나는 단지 인간 사슬의 한 부분입니다
지옥 같은 불 속으로 전진 할지라도 신이시여,
나는 여전히 두렵고, 비가 오기를 기도합니다.

이 영상을 선정한 이유

소방관들은 뜨거운 화염 속을 주저없이 뛰어 드는 용감한 슈퍼맨 같아 보인다. 하지만 열악한 근무 환경이나 처우, 외상 후 스트레스 장애를 앓고 있는 소방관들이 많다. 얼마 전 정부에서는 정신적, 신체적 피해를 입는 소방관들의 처우 개선을 위한 다양한 정책을 내놓아 이슈가 되기도 했었다. 보이지 않는 곳에서 고통과 싸우며 사회 안전을 위해 순직하는 소방관들도 많다. 직업으로서의 소방관 이야기와 사회적 소명, 책임감 등의 다양한 이야기를 나눌 수 있는 감동적인 영상으로 하브루타를 하기에 더없이 좋다.

◆ 하브루타로 나눈 사례 ◆

🧑 (눈물) 너무 슬퍼.

👩 슬프니?

🧑 이 영상을 보니까 간신히 살아 돌아오신 분들 모습인 것 같아. 뜨거운 불길 속에서 얼마나 무서웠을까? 그런데도 미처 구하지 못한 아이들에 대한 죄책감에 쓴 시라니 소방관이 없었다면 어떻게 될까?

👩 그러게…. 극한 직업에 나온 모습도 봤는데 근무 환경도 너무 열악하더라. 우울증으로 매년 돌아가시는 분도 많고 외상 후 스트레스 장애가 직업 중에 가장 높대.

🧑 이번에 대통령님 바뀌고 나서 얼마 전에 '소방관 눈물 닦아주기 법'이 발의 됐대 엄마. 법이 통과되길 바라면서 '소방관 GO 챌린

지'라고 소화기 분말 뒤집어쓰는 챌린지를 한다던데?

그렇구나? 부디 법이 통과되어 소방관들의 눈물을 닦아주면 좋겠다.

이 영상을 보고 대화해 볼만한 주제

- 영상을 보고 난 느낌들
- 영상에서 이야기 하고 있는 주제
- 제목에서 말하고 있는 함축적인 내용
- 영상 장면 하나하나에 대한 이야기
- 이야기 전개에 대한 내용
- 영상을 보며 느낀 점
- 배경으로 사용된 음악에 대해서
- 주인공의 입장 되어보기

이 영상을 보고 엄마가 아이한테 던져볼만한 질문

- 이 다큐를 보니 어떤 느낌이 드니?
- 이 다큐의 제목 〈소방관의 기도〉를 보고 드는 생각은?
- 이 영상에서 다루고자 한 내용은 무엇일까?
- 이 기도문을 쓴 소방관은 지금 어디계실까?
- 소방관이 없다면 어떤 일이 벌어질까?
- '소방관 눈물 닦아 주기 법'은 제정되었을까?
- 소방관이 하는 일은 어떤 것이 있을까?
- 119로 장난 전화를 걸면 어떤 일이 벌어질까?
- 소방관은 어떤 처우를 받고 있을까?

이 영상으로 하브루타를 할 때 참고 할 내용

이 영상으로 어떤 얘기를 나눌 수 있을까? 강의 교육 현장에서 아이들은 이 영상을 보고 "소방관처럼 불과 싸우는 건 아니지만 가족을 위해 희생하시는 아빠가 떠올라 눈물이 났다.", "소방관이 불 속으로 직접 뛰어들지 않아도 불을 끌 수 있는 방법은 없을까?", "불 끄는 로봇이나 살수 드론이 나와서 소방관은 조종만 했으면 좋겠다." 등등의 의견이 나왔다. 부모님들은 "자신의 목숨을 담보로 불구덩이 속으로 뛰어들어 타인의 목숨을 구하는 소방관은 진정한 영웅이다.", "그렇게 소방관을 영웅으로 보기 때문에 그들에게 사명감을 억지로 주입시켜서 불구덩이 속으로 밀어 넣고 있지는 않은가?"라는 질문이 나와 열띤 하브루타가 이루어졌다. 또한 "불구덩이 속으로 뛰어 들어가면서도 불평하지 않게 해달라고 기도하는 소방관의 기도를 보면서 눈시울이 붉어졌다.", "나는 지금 무엇으로 불평하고 있는지, 나에게 주어진 소명을 제대로 깨닫고 잘 지켜나가려 애쓰고 있는지 돌아보게 된다.", "우리가 잠든 시간에 보이지 않는 곳에서 밤을 켜둔 분들이 계시기에 편안하고 안락한 일상이 가능하다는 것을 다시 깨달았다.", "'덕분입니다, 고맙습니다'라는 말보다 실질적인 대우와 처우 개선이 시급하다."는 의견을 내기도 했다. 좋은 영상 한 편이 얼마나 우리에게 많은 생각을 하게 하는지 모른다. 자녀들과 함께 영화나 의미있는 짧은 유튜브 동영상을 보고 이야기를 나누어 보면 아이들의 생각도 자라고 사회 전반에 대한 관심도 불러일으킬 수 있을 것이다.

1. 〈링컨의 일대기〉

여기 한 남자의 일생이 있다.

1816년 가족 파산, 1818년 어머니 사망, 1831년 사업 실패, 1832년 주의회 선거출마 낙선, 1833년 사업 재실패, 1834년 약혼녀 사망, 1836년 신경쇠약으로 정신병원 입원, 1838년 주의회 대변인 선거 낙선, 1840년 정부통령 선거위원 선거 낙선, 1843년 하원의원 선거 낙선, 1848년 하원의원 재선거 낙선, 1849년 고향의 국유지 관리 희망 거절, 1854년 상원의원 선거 낙선, 1856년 부통령후보 지명선거 낙선, 1858년 상원의원 선거 재출마 낙선, 1860년 미합중국 대통령 당선.

그의 이름은 '에이브러햄 링컨'이다. 그는 이렇게 말했다.

"내가 걷는 길은 험하고 미끄러웠다. 그래서 나는 자꾸만 미끄러져 길바닥 위에 넘어지곤 했다. 그러나 나는 곧 기운을 차리고 내 자신에게 말했다. 괜찮아, 길이 약간 미끄럽긴 해도 낭떠러지는 아니야."

You can do it!

2. 〈이상한 입사시험〉

그는 취업 재수생이다. 대학을 졸업한지 1년이 지나도록 직장을 얻지 못해 가슴 졸이는 청년. 하루빨리 돈을 벌어 평생 고생만 해오신 홀어머니를 편히 모시고 싶은 외아들. 하는 수 없이 눈높이를 조금 낮춰 작지만 탄탄하다는 회사에 입사원서를 냈다. 시험 날 소집 시간은 새벽 4시. 이상한 일이었지만 낙타가 바늘구멍 뚫기보다 어렵다는 취업 대란이라 지원자는 많았다. 그런데 응시자가 다 모이고, 약속 시간이 되었지만 회사 출입문은 굳게 닫혀있었다. 그렇게 시간이 지나 날이 밝았다. 절반이 넘는 지원자가 불만을 쏟아내며 돌아갔다. 잠시 후 회사 문이 열리고 한 남자가 머리만 내밀고는 이름이 뭔지, 1+1은 얼만지, 손가락과 발가락은 모두 몇 개인지 등 알 수 없는 질문을 했다. 싱거운 입사시험은 그렇게 끝이 났다. 실망한 청년은 다시 마음을 추스리고 취직시험 공부를 계속했다. 그에게는 열심히 노력하면 언젠가는 좋은 직장을 갖게 될 거라는 희망이 있었다. 그러던 어느 날 청년 앞으로 한 통의 편지가 도착했다. 그것은 합격 통지서였다.

"저희 회사 입사 시험에 합격하신 것을 축하합니다. 먼저 당신은 시간을 지키는 시험에 합격했습니다. 당신이 네 시 정각에 온 것을 봤습니다. 또한 당신은 인내심 시험에도 합격했습니다. 아침 아홉 시까지 잘 인내하며 기다리는 모습을 봤습니다. 그리고 마지막으로 당신은 짜증이 날 수도 있는 하찮은 질문에도 성실히 대답해 성격 테스트까지 통과했습니다. 당신이야말로 우리 회사가 원하는 인재입니다."

3. 〈영화 나홀로 집에 2〉 – 사람의 감정

아줌마 : "누굴 믿었다가 다시 상처받을까 겁나."

컬킨 : "알아요. 롤러 스케이트가 있었는데, 난 상자에 모셔두기만 했어요.
그러다 어떻게 된 줄 아세요?"

아줌마 : "아니"

컬킨 : "망가질까봐 겁나서 방 안에서 두 번 정도 탄 게 전부였어요."

아줌마 : "사람의 감정은 스케이트와는 달라."

컬킨 : "같을 수도 있죠. 쓰지 않으면 아무 소용없는 거잖아요. 감정을 숨겨두면 내 스케이트처럼 되고 말거에요. 기회를 놓치지 마세요. 잃는 건 없어요."

4. 〈어바웃 타임〉 - 일상의 모습

메리 : "내가 애들 볼게"

팀 : "아니야, 내가 볼게"

메리 : "그래, 빨리 애들 봐. 게으름뱅이 아저씨."

팀 : '이제 난 시간 여행을 하지 않는다. 그저 하루하루 내가 이날을 위해 시간 여행을 한 것처럼 나의 특별하면서도 평범한 마지막 날이라고 생각하며 완전하고 즐겁게 매일 지내려고 노력할 뿐이다.'

팀 : "우리는 인생의 하루하루를 항상 함께 시간 여행을 한다. 우리가 할 수 있는 최선은 이 멋진 여행을 즐기는 것 뿐이다."

5. 〈굿 윌 헌팅〉 - 소울 메이트

맥과이어 : "세상에 너 혼자 있는 것 같니?"

헌팅 : "네?"

맥과이어 : "영혼의 짝이 있어?"

헌팅 : "무슨 뜻이죠?"

맥과이어 : "널 북돋아 주는 사람 말이야."

헌팅 : "처키요."

맥과이어 : "처키는 널 위해 목숨도 내놓을 가족같은 애지. 영혼의 짝이란 네 마음을 열고 영감을 주는 존재야."

헌팅 : "그런 친구라면 누구... 그런 친구는 많아요."

맥과이어 : "이름을 대봐."

헌팅 : "셰익스피어, 니체, 프로스트, 칸트, 교황님, 로크 등이요."

맥과이어 : "모두 돌아가신 분들이잖아."

헌팅 : "제겐 아니에요."

맥과이어 : "하지만 대화를 할 수 없잖아."

헌팅 : "..."

맥과이어 :   "서로 교감할 수가 없어."

헌팅 :   "뼈다귀만 남아 있겠죠."

맥과이어 :   "내 말이 바로 그거야. 내가 먼저 다가서지 않으면 평생 그런 친구는 사귀지 못해."

---

* 좀더 자세한 정보는 네이버 ZINBOOK 하브루타 카페 '다매체 진북 하브루타 추천 콘텐츠 게시판' 참고

http://cafe.naver.com/zinbook

2교시
스토리텔링이 가득한
탈무드 하브루타 수업

세계에서 가장 많은 노벨상 수상자를 배출한 유대인들의 생각 방식이
집약된 탈무드는 유대교의 율법, 전통적 습관 등을 해설한 유대인의
문화유산으로 유대인의 정신적 지주 역할을 해 온 책이다.
탈무드는 유대인이 아니라도 평생에 한번쯤은 읽어볼 만한 교훈적인 이야기가
많아 스스로 이치를 깨닫도록 한다. 유대인의 하브루타를 실천하면서
탈무드 이야기는 질문과 대화의 좋은 재료가 된다.
다만, 권선징악이 선명하고 우리와는 다른 정서와 문화를 담고 있어
다소 거리가 있을 수도 있다는 점에 유의하자.

1단계 : 하브루타 하기 전 마음 열기

2단계 : 텍스트 낭독(부모 또는 아이)

3단계 : 질문과 대화 하브루타

1 | 《머리와 꼬리》

뱀의 꼬리는 늘 머리 뒤에 달라붙어 따라 다니고 있었다. 어느 날 꼬리가 불만을 터뜨리며 머리를 향해 말했다.

"나는 왜 당신 부속품처럼 맹목적으로 달라붙어 다니며 언제나 당신이 가자는 대로 따라야 하지? 이건 정말 불공평하지 않아? 나도 뱀의 일부분인데 노예처럼 따라다니기만 하니 이건 말도 안 되는 것 같아."

머리가 대꾸했다.

"아니 무슨 말을 하는 거야? 너는 앞을 볼 수 있는 눈도 없고, 위험을 알아차릴 수 있는 귀도 없어서 행동을 결정할 수가 없잖아. 나는 나를 위해서 그러는 게 아니라 너를 진정으로 생각하기 때문에 이렇게 인도하고 있는 거라구."

꼬리는 큰 소리로 비웃으며 대꾸했다.

"이젠 그런 위선적인 말에는 진절머리가 난다구. 어떤 독재자나 압제자라도 모두 다른 이를 위해서 그러고 있다는 구실을 대면서 제 마음대로 하지 않아?"

머리는 어쩔 수 없다는 듯이 말했다.

"그렇게 불만이 많다면 네가 내 역할을 한 번 해봐."

그러자 꼬리는 좋아하며 먼저 움직이기 시작했다. 하지만 앞을 보지 못해서 금방 도랑에 떨어져 버렸다. 머리는 간신히 도랑에서 빠져나올 수 있었다. 조금 지나자 이번에는 꼬리가 가시투성이 나무 속으로 들어가 버렸다. 꼬리가 빠져 나오려고 애를 쓰면 쓸수록 가시덤불 속에 더욱 더 들어가 버려서 꼼짝달싹 못하게 되었다.

간신히 머리의 도움을 받아 상처 투성이로 가시덤불 속을 빠져 나올 수 있었다. 꼬리는 다시 앞장섰고, 이번에는 불길 속에 들어가 버렸다. 점점 몸이 뜨거워지고 갑자기 주위가 캄캄해지자 뱀은 무서워졌다. 절박해진 머리가 기를 쓰고 구해내려고 했지만 때는 이미 늦었다. 뱀의 몸은 불타고 꼬리도 불타고 머리도 불타 함께 죽고 말았다.

이 탈무드 이야기를 선정한 이유

어디서나 누군가는 스포트라이트를 받고 누군가는 남의 눈에 띄지 않지만 묵묵히 자기의 일을 해나가야 한다. 각자의 역할도 주어져 있는 경우가 많다. 노력으로 역할을 바꿀 수 있는 경우도 있지만 때로는 고유의 자기 역할이 있는 경우도 있게 마련이다. 뱀의 머리와 꼬리 이야기를 통해 나의 책임과 역할에 대한 대화를 나눌 수 있다. 사람에게는 각자 자리에서의 역할이나 책임이 있기에 아이들과 이야기를 통해 스스로의 책임이나 역할에 대해 생각해볼 수 있는 하브루타 주제다.

◆ 하브루타로 나눈 사례 ◆

🧑 이건 비약이 너무 심한 것 같아.

🧑 왜 그렇게 생각해?

🧑 불구덩이로 갔다고 금방 죽는 것도 그렇고, 각자에게는 각자에게 알맞은 역할이 있으니 다른 사람의 역할에 대해서는 욕심 내지 말라는 훈계를 하고 있는 것 같아서.

🧑 예를 들어 팀에는 서로 맡겨진 역할이 있고 자기 역할이 마음에 안 든다고 자기가 해야 할 일은 하지 않고 다른 사람이 해야 할 역할을 하고 있다면 문제가 생기지 않을까?

🧑 역할이 고정되어 있다는 것이 힘든 일일 것 같고, 뱀 꼬리도 실수를 하면서 리더 역할을 계속 열심히 해나가면 리더가 될 수 있는데, 회사에서도 밑에 사람은 항상 밑에 사람으로만 일해야겠네?

리더는 누구나 될 수 있겠지만 이 탈무드에서는 노력해서 이루는 무언가를 말하는 건 아닌 것 같은데? 혹시 연극에서 나무 역할을 한 아이 이야기 들어봤니?

응, 초등학교 국어시간인가? 언젠가 들어 본 것 같아.

그 연극에서 나무를 중심으로 연기가 펼쳐지고 나무가 없으면 안되는데 그 배역을 맡은 사람이 주인공을 부러워 하면서 나무 역할에 충실하지 않는다면 어떤 일이 벌어질까?

.... 연극이 제대로 안되겠지?

좀 전에 본 탈무드 〈머리와 꼬리〉랑 그 연극을 비교해보면 어떨까?

〈머리와 꼬리〉에서 말하려고 하는 것도 엄마가 말한 연극과 비슷한 것 같아. 빛나 보이지는 않아도 각자 자기에게 맡겨진 일을 묵묵히 하는 것이 중요하다?

노력해서 머리의 위치 즉, 리더의 위치로 올라가는 것과는 조금 다른 의미겠지?

그런 것 같아. 두 가지는 구분이 되어야겠네.

- 중략 -

이 탈무드 내용을 읽고 대화해 볼만한 주제

• 글을 읽고 난 느낌들
• 이 탈무드 내용에서 전하고자 하는 내용
• 제목에서 말하고 있는 함축적인 내용
• 이 탈무드 내용 하나하나에 대한 이야기

- 이야기 전개에 대한 내용
- 담고 있는 교훈
- 우리 정서와 다른 부분
- 머리의 입장 되어보기
- 꼬리의 입장 되어보기

이 탈무드 이야기로 엄마가 아이한테 던져볼만한 질문

- 이 탈무드 내용을 보니 어떤 느낌이 드니?
- 이 탈무드의 제목 〈머리와 꼬리〉를 보고 드는 생각은?
- 이 내용에서 다루고자 한 내용은 무엇일까?
- 머리와 꼬리처럼 노력으로 바뀔 수 없는 불변의 역할은 뭐가 있을까?
- 노력해서 머리가 될 수 있는 일에는 어떤 것들이 있을까?
- 꼬리가 한 두 번의 실수를 통해 자신의 역할을 깨달았다면 어떻게 되었을까?
- 머리가 꼬리를 도와 줄 방법은 없었을까?
- 꼬리가 머리처럼 리더십을 발휘할 수 있는 방법이 있다면?
- 꼬리가 자기의 역할을 소중하게 여길 수 있는 방법은?
- 내가 머리라면 꼬리를 어떻게 도와줬을까?
- 내가 꼬리라면 어떤 생각, 어떤 행동을 했을까?
- 협동해서 일을 성공적으로 이끌었던 경험은?
- 내가 리더라면 불평 불만이 많은 반 친구들을 잘 이끌기 위해 어떤 것이 필요할까?

이 탈무드 이야기로 하브루타를 할 때 참고 할 내용

이 스토리를 보고 어떤 이야기를 나눌 수 있을까? 강의 교육 현장에서 아이들과 "꼬리는 눈, 코, 입, 귀가 없는데 왜 자기가 앞서 가겠다고 했을까?", "자기가 해낼 수 없는 일인 데도 욕심을 부리는 건 옳을까?"를 주제로 찬반 토론을 벌이기도 했다. 부모님들은 "머리와 꼬리가 늘 다투고 싸우는 형제나 자매같다.", "부족한 것 투성인 데도 머리의 역할을 하느라 힘들었던 경험이 떠오른다.", "부모 자녀의 관계에서 부모는 머리의 역할을, 자녀는 꼬리의 역할을 하고 있는 것 같다.", "머리와 꼬리 모두 나름의 장점이 있기 때문에 서로 역할을 바꾸지 않는 것이 좋을 것 같다.", "꼬리가 제 역할을 잘 할 수 있게 머리가 도와주었다면 비극적인 결말로 끝나지는 않았을 것이다. 어쩌면 머리가 너무 독단적으로 일을 처리한 것은 아닐까?", "머리와 꼬리의 역할이 고정되어 있는 것은 아닐텐데 꼬리의 잘못만 부각시킨 것 같아 아쉽다.", "꼬리가 머리의 역할을 하겠다고 했을 때 어떻게 하면 좋을까?", "자녀가 머리 역할을 하겠다고 하면 어디까지 허용해야 할까?", "바람직한 리더란 어떤 모습일까?" 등등 많은 질문이 나왔고, 질문을 토대로 열띤 토론이 이루어졌다.

2 | 《훗날을 위한 나무 심기》

어떤 노인이 마당에서 묘목을 심고 있었다. 그곳을 지나가던 한 나그네가 노인을 보고 한심하다는 듯이 말했다.

"영감님, 그 나무에서 언제쯤 열매가 열릴 거라고 생각하세요?"

노인은 잠시 뜸을 들이더니 대답했다.

"아마 70년 정도 지나야겠지요."

나그네가 물었다.

"그럼, 영감님은 그렇게까지 오래 사실 수 있나요?"

"아니오! 그렇지 않겠지요. 하지만 내가 태어났을 때 과수원에는 열매가 풍성하게 맺혀 있었지요. 내가 태어나기 전에 아버지가 나를 위해 묘목을 심어주셨기 때문에 가능한 일이었습니다. 지금 내가 하고 있는 일도 마찬가지일 뿐입니다."

이 탈무드 스토리를 선정한 이유

사회가 각박해질수록 사람들은 당장의 성과에 목숨을 건다. 씨앗을 심고 물을 주고 햇볕과 바람이 튼튼한 아름드리 나무로 성장시켜 줄 것을 믿고 기다리면 언젠간 튼실한 열매가 맺힐 때가 있을텐데 그 세월을 인내하지 못한다. 또한 그 열매는 반드시 심은 사람이 거두어야 한다고 생각하기 십상이다. 당장 아이의 좋은 성적을 바라는 부모 마음도 마찬가지이다. 이 탈무드 내용은 조급증에 걸린 우리에게 당장의 성과에 매달리지 않고 담대하게 후대를 위해 심고 가꾸는 일이 얼마나 소중한 일인지 알려주고 있다.

◆ 하브루타로 나눈 사례 ◆

영지는 이 글을 읽으니 어떤 생각이 들어?

할아버지가 참 현명하시다는 생각이 들어.

왜 현명하다고 생각했지?

보통 자기 눈에 바로 보이지 않는 일에 시간을 투자하는 사람들이 별로 없잖아.

그렇다면 나그네처럼 시간 낭비라고 생각할 수도 있지 않을까?

먼 미래를 내다볼 줄 알고 지금 하는 일이 미래에 좋은 일이라면 시간 낭비가 아니지.

그럼, 나그네는 미래를 내다 볼 줄 몰랐던 걸까?

할아버지의 말씀을 듣고 깨달았을 수도 있고 그래도 모를 수도 있겠지. 아! 어쩌면 우리가 하는 공부도 나무 심기랑 같을 수도 있겠네.

역시 우리 영지는 생각이 깊구나. 공부로 연결해서 생각을 했구나.

공부도 지금은 힘들고 쓸 데가 없어 보이지만 언젠간 삶에 필요한 밑거름이 될 거니까. 묘목이 사과나무가 되는 것처럼 공부한 결과로 나중에 어떤 모습이 되겠지.

우리 영지한테 '나무심기와 공부의 관계'에 대해 엄마가 배웠네? 고마워.

이 탈무드 내용을 읽고 대화해 볼만한 주제

- 글을 읽고 난 느낌들
- 이 탈무드 내용에서 전하고자 하는 내용
- 제목에서 말하고 있는 함축적인 내용
- 이 탈무드 내용의 등장인물에 대한 이야기
- 이야기 전개에 대해서
- 담고 있는 교훈
- 할아버지 같은 일을 하는 사람에 대해서
- 나그네의 생각에 대해서

이 탈무드 이야기로 엄마가 아이한테 던져볼만한 질문

- 이 탈무드 내용을 보니 어떤 느낌이 드니?
- 이 탈무드 제목 〈훗날을 위한 나무심기〉를 보고 드는 생각은?
- 이 탈무드 내용에서 다루고자 한 내용은 무엇일까?
- 우리 주변에서 할아버지와 같은 일을 하는 사람이 있을까?

- 우리 일상에서 나무심기와 비슷한 일이 있다면?
- 나그네는 할아버지의 말을 듣고 어떤 말을 했을까?
- 훗날을 위해 네가 심고 있는 나무가 있다면?
- 이 탈무드 내용과 비슷한 내용을 알고 있니?
- 내가 나그네라면 나무를 심고 있는 할아버지에게 어떤 이야기를 했을까?

이 탈무드 이야기로 하브루타를 할 때 참고 할 내용

이 스토리로 어떤 얘기를 나눌 수 있을까? 강의 교육 현장에서 아이들은 "우리 할아버지도 마당에 손자들 나무를 심어 주셨어요.", "나무가 자라기 전에 이사를 가게 되면 어떻게 되나요?" 등의 질문으로 하브루타를 했다. 부모님들은 "나무를 심는다는 것에 대한 의미를 다양하게 생각해 보게 되었다.", "할아버지 집안의 가풍이 궁금하다.", "예전에 딸이 태어나면 오동나무를 심고 스무 살이 되면 그 나무로 장농을 만들어서 혼수품으로 썼던 전통이 있었다.", "할아버지는 왜 나무를 심었을까?", "왜 열매가 맺히는 나무를 심었나?", "심은 후 70년 뒤에 열매가 맺히는 나무는 어떤 것이 있을까?", "후손을 위해 무엇을 남겨줄 수 있을까?", "진짜 나무라도 심어야겠다", "환경 보존과 지구 온난화 예방, 깨끗한 지구를 만들기 위해서라도 나무를 좀더 많이 심어야겠다고 다짐했다.", "중국 마오우쑤 사막에서 나무심는 여자 인위쩐이 떠올랐다." 등의 이야기를 나누었다.

3 | 《되찾은 돈 주머니》

어떤 상인 한 사람이 도시로 여행을 왔다. 며칠 뒤에 세일 행사가 있다는 소식을 듣고 물건 사는 것을 며칠 뒤로 미루기로 했다. 그는 많은 현금을 갖고 있었기 때문에 불편함을 느꼈다. 그래서 조용한 장소에 가서 갖고 있던 돈을 모두 땅에 파묻었다. 그런데 다음날 그곳에 가보니 돈이 없어져 버렸다.

그는 여러 가지로 생각해 봤지만 자기가 돈을 파묻는 걸 본 사람이 없었기 때문에 돈이 왜 없어졌는지 알 수가 없었다. 그런데 저 멀리 집이 한 채 보였고, 가까이 다가가보니 그 집 벽에 구멍이 뚫려있는 걸 발견했다. 그는 그 집에 살고 있는 사람이 자기가 돈을 파묻고 있는 것을 구멍으로 보고 있다가 나중에 파낸 것이 분명하다고 생각했다. 그는 그 집 문을 두드렸고, 주인으로 보이는 늙은 영감이 나오자 이렇게 물었다.

"어르신은 도시에 살고 있기 때문에 시골에 사는 저보다 현명할 거라 믿습니다. 제가 어르신께 지혜를 구할 일이 있습니다. 실은 제가 이 도시에 물건을 장만하러 왔는데, 주머니를 두개 갖고 있습니다. 하나는 5백 개의 은화가 들어 있고, 다른 하나는 8백 개의 금화가 들어있습니다. 제가 작은 쪽 돈 주머니를 아무도 몰래 어떤 곳에 파묻었는데, 큰 돈 주머니도 같은 곳에 파묻는 것이 좋을까요? 아니면 누군가 믿을 수 있는 사람에게 맡기는 것이 좋을까요?"

늙은 영감이 대답했다.

"만약 내가 당신이라면 아무도 믿지 않을 거요. 작은 돈 주머니를 파묻은 장소에 큰 것도 파묻는 게 좋겠지요."

욕심쟁이 영감은 장사꾼이 집에서 나가자마자 얼른 달려가 자신이 땅에서 훔쳐 온 돈 주머니를 다시 갖다 묻었다. 장사꾼은 그 모습을 숨어서 지켜보고 있다가 파내어 무사히 자기 돈 주머니를 되찾을 수 있었다.

이 탈무드 이야기를 선정한 이유

탈무드를 읽다보면 유대인들의 지혜에 새삼 놀랄 때가 많다. 만약 내가 이런 일을 당했다면 어떻게 대처했을까? 학창시절 학급 내에서 가끔 돈을 잃어버리는 일이 벌어지곤 했는데 우리는 이렇게 현명하게 대처하기보다 '모두 눈 감고 돈 가져간 사람 자수해라' 식으로 처리가 되어 다 같이 죄인이 된 기분을 느끼곤 했다. 탈무드를 통해 올바른 판단을 하기 힘든 상황 속에서도 차분하게 대처해서 슬기롭게 해결하는 그들의 지혜를 배워보면 어떨까?

◆ 하브루타로 나눈 사례 ◆

- 정말 현명한 할아버지네.
- 영지라면 어떤 방법으로 잃어버린 돈을 찾을 수 있었을까?
- 글쎄. 나라면 땅에다 돈을 파묻지 않지. 도시라면서 왜 은행에 넣을 생각을 못한 거지?
- 은행이 없던 시대라면?
- 은행은 없어도 옛날에도 돈을 맡아 주는 곳이 있었을 걸?
- 그런 곳도 없다면 어떤 방법을 썼을까?
- 무겁더라도 은화 주머니를 몸에 지니고 있어야지.
- 몸에 지니고 있으면 티가 나서 강도를 만날 수도 있으니까 땅에 파묻은 거 아닐까?
- 그렇다면 정말 힘들었겠네. 유대인들은 정말 현명하구나. 나라면

저렇게 찾지는 못했을 것 같아. 잃어버리고 관청 같은데 신고하거나 몸에 지니고 있거나, 다른 방법은 잘 생각이 안나.

 그럼 좋은 방법이 생각나면 다시 이야기 해보자~

이 탈무드 내용을 읽고 대화해 볼만한 주제

- 글을 읽고 난 느낌
- 이 탈무드 내용에서 전하고자 하는 내용
- 제목에서 말하고 있는 함축적인 내용
- 이 탈무드 내용의 등장인물에 대한 이야기
- 이야기 전개에 대해서
- 담고 있는 교훈
- 나그네의 생각에 대해서
- 이 탈무드 내용과 비슷한 경험이 있었는지

이 탈무드 이야기로 엄마가 아이한테 던져볼만한 질문

- 이 탈무드 내용을 보니 어떤 느낌이 드니?
- 이 탈무드 제목 〈되찾은 돈주머니〉를 보고 드는 생각은?
- 이 탈무드 내용에서 알려주려는 내용은 무엇일까?
- 네가 나그네라면 돈을 어떻게 처리했을까?
- 돈을 잃어버린 경험이 있니?
- (돈이나 물건을 잃어버린 적이 있다면) 잃어버린 후 어떻게 했니?
- 네가 나그네라면 잃어버린 돈을 찾기 위해 어떤 지혜를 발휘했을까?

이 탈무드 이야기로 하브루타를 할 때 참고 할 내용

이 스토리로는 어떤 얘기를 나눌 수 있을까? 강의 교육 현장에서 아이들은 "돈을 땅에 묻으면 가져가도 좋은 것 아닐까?", "왜 남들이 다 볼 수 있는 땅에 묻었을까?", "돈을 찾고 난 다음 신고는 안 했을까?" 등의 질문을 던지고 하브루타 토론을 이어갔다. 부모님들은 "삶 속에서 만나는 여러 가지 문제들을 잘 해결해야 행복하게 살 수 있겠다.", "마시멜로 이야기의 만족 유예에 관한 실험이 떠오른다.", "하나를 더 얻기 위해 갖고 있는 것을 도로 파묻었던 영감의 어리석은 행동이 우리 모습은 아닌지 반성하게 된다.", "어떤 일이 생겼을 때 감정적으로 대처하고 마는 내 자신을 되돌아보면서 유대인들처럼 지혜를 발휘했으면 좋겠다.", "경제적 성공을 큰 가치로 여기는 유대 상인의 뛰어난 사업 수완을 엿볼 수 있었다.", "문제가 생겼을 때 감정을 앞세워 흥분하거나 몸부터 움직이지 말고 잠깐 멈춰서 생각하고 행동하면 지혜로운 문제해결을 할 수 있을 것 같다.", "문제가 생겼을 때는 5번 Why를 던져 해결 해봐야겠다." 등의 의견이 나왔다.

4 | 《당나귀와 다이아몬드》

어떤 랍비가 나무꾼으로 일하며 힘들게 생활하고 있었다. 그는 매일 산에서 나무를 베어 시내에 내다 팔았다. 그는 오가는 시간을 아껴 탈무드 공부를 하기 위해 아랍 상인에게서 당나귀 한 마리를 샀다. 제자들은 랍비가 훨씬 힘이 덜 들 거라고 기뻐하며 냇가에서 당나귀를 깨끗하게 씻었다. 그런데 당나귀의 목에서 다이아몬드 하나가 나왔다. 제자들은 랍비가 가난에서 벗어나 탈무드 연구에 매진하면서 자신들을 더 열심히 가르칠 수 있게 되었다며 기뻐했다. 하지만 랍비는 당장 시내에 가서 아랍 상인에게 다이아몬드를 돌려줘야 한다고 말했다. 그러자 제자가 물었다.

"스승님이 산 당나귀에서 나온 건데 왜 돌려주시나요?"

랍비가 대답했다.

"나는 당나귀는 샀지만 다이아몬드를 사지는 않았네. 내가 산 것만 갖는 게 옳은 일이라고 생각하네."

랍비는 말을 마치자마자 시내로 가서 아랍 상인에게 다이아몬드를 돌려주었다. 그런데 아랍 상인이 안 받겠다면서 이렇게 말했다.

"그 다이아몬드는 당신이 산 당나귀에 딸려있던 것인데, 왜 돌려주려 하십니까?"

랍비가 대답했다.

"유대교에서는 자신이 직접 산 물건 외에는 가져서는 안 된다고 가르칩니다. 그래서 이걸 돌려드려야 합니다."

아랍 상인은 감탄하면서 말했다.

"당신들의 신은 참으로 훌륭하군요!"

이 탈무드 이야기를 선정한 이유

유대인들은 어릴 때부터 철저하게 도덕관념을 가르친다. 어찌 보면 답답해 보이기까지 하는 랍비의 행동을 통해 비슷한 일을 겪었을 때 어떻게 행동하는 것이 과연 옳을지 깊이 생각해 볼 수 있을 것이다. 물론 정답을 제시하는 것은 아니다.

◆ 하브루타로 나눈 사례 ◆

🙍 영지는 이 랍비의 행동을 보고 어떤 생각이 들어?

🧒 나도 아주 옳은 일이라고 생각해.

🙍 상인조차도 당나귀에 딸려 있던 것이라고 가지라고 했는데?

🧒 당나귀를 팔 때 "다이아몬드까지 함께 파는 겁니다."라고 하지 않았잖아. 그리고 당나귀 값이 다이아몬드 값보다 훨씬 쌀텐데, 다이아몬드까지 함께 판 거라고 볼 수는 없지 않을까?

🙍 우리 영지는 유대인 랍비같네?

🧒 우리 엄마 고슴도치 또 시작이네. 당연한 일을 가지고. 엄마라면 그냥 가질 것 같아?

🙍 아니, 아마 엄마도 랍비처럼 했을 거야. 다이아몬드는 아니더라도 비슷한 일을 경험한 적 있니?

🧒 그러고 보니까 물건을 사고 5천원을 내고 거스름돈을 받았는데 아주머니가 1만원 지폐를 1천원으로 착각을 해서 1만 2천원을 주신 거야.

그래서 어떻게 했어?

학원 끝나고 다시 가서 드렸지.

그랬더니?

아주머니가 '에구 고마워. 요즘 학생 같지 않네.' 하셨어.

그게 무슨 뜻이지?

아이들이 돌려주지 않는 경우가 많은가보지. 기분이 좋지는 않았어.

그랬구나. 정말 잘했네.

잘한 게 아니라 당연한거야.

그래 그래.

이 탈무드 내용을 읽고 대화해 볼만한 주제

• 글을 읽고 난 느낌들

• 이 탈무드 내용에서 전하고자 하는 내용

• 제목에서 말하고 있는 함축적인 내용

• 이 탈무드 내용의 등장인물에 대한 이야기

• 이야기 전개에 대해서

• 담고 있는 교훈

• 랍비의 생각에 대해서

• 이 탈무드 내용과 비슷한 경험이 있었는지

이 탈무드 이야기로 엄마가 아이한테 던져볼만한 질문

• 이 탈무드 내용을 보니 어떤 느낌이 드니?

- 이 탈무드 제목 〈당나귀와 다이아몬드〉를 보고 드는 생각은?
- 이 탈무드 내용에서 알려주려는 내용은 무엇일까?
- 네가 랍비라면 어떻게 했을까?
- 이 내용과 비슷한 경험이 있니?
- 네가 아랍상인이라면 돌려받은 다이아몬드를 어떻게 했을까?
- 아랍상인은 왜 유대인들이 믿는 신이 훌륭하다고 했을까?
- 한사코 다이아몬드를 돌려 준 랍비의 행동은 옳을까?

이 탈무드 이야기로 하브루타를 할 때 참고 할 내용

이 이야기로 어떤 얘기를 나눌 수 있을까? 강의 교육 현장에서 아이들은 질문카드로 "상인이 가져도 된다고 했는데 굳이 돌려준 것은 잘한 일인가?", "분실 된 물건을 주인에게 돌려준 경험이 있다면?" 등을 뽑고 서로 하브루타를 했다. 부모님들은 "당나귀에 딸린 다이아몬드를 갖게 되었을 때 불행한 일이 생길까봐 주인에게 돌려준 건 아닐까?", "제자들을 교육하기 위해 다이아몬드를 돌려준 것이 아닐까?", "유대인 랍비 못지않게 아랍 상인의 인격도 훌륭하다는 생각이 들었다.", "아랍 상인이 감동해서 다이아몬드의 일부라도 나누어 주었다면 받지 않았을까?", "다이아몬드를 받고나면 '이걸로 뭐할까? 누가 훔쳐가면 어떡하지? 제자들에게 좀 나눠줘야 하나? 괜히 받았나? 다이아몬드 값이 오를까? 지금 팔아야 하나? 다이아몬드가 있으니 놀고 먹어도 되지 않을까?' 등 번민에 시달렸을 것이다." 등 다양한 질문과 이야기가 이어졌다.

5 | 《다이아몬드를 안 판 아들》

이스라엘의 디마라는 도시에 한 남자가 살고 있었다. 그는 금화 1천 개를 줘야 살 수 있는 다이아몬드 한 개를 갖고 있었다. 어떤 랍비가 사원 장식용으로 쓰려고 6천 개의 금화를 갖고 그 다이아몬드를 사러 갔다. 그런데 그의 아버지가 다이아몬드가 담겨있는 상자의 열쇠를 베개 밑에 깔고 잠자고 있었다. 남자가 말했다.

"주무시는 아버지를 깨울 수는 없으니 다이아몬드를 안 팔겠습니다."

랍비는 6배의 돈을 벌 수 있는 데도 아버지를 깨우지 않는 것은 대단한 효심이라고 감탄하면서 사람들에게 그 남자의 이야기를 하고 다녔다.

이 탈무드 이야기를 선정한 이유

물질 만능주의에 물든 신자유주의 사회에서 살아가는 우리들에게 쉽게 납득이 가지 않는 이야기일 수 있다. 여섯 배나 되는 큰 돈을 거부할 만큼 아들의 효심이 컸던 것인지, 아니면 아들이 어리석었는지? 상인은 정말 아들이 훌륭하다고 생각한 걸까? 잠에서 깨어난 아버지는 어떤 반응을 보였을까? 질문이 많이 떠오르는 이야기이다.

◆ 하브루타로 나눈 사례 ◆

🧑 주무시는 아버지를 깨울 수 없어 다이아몬드를 팔지 않은 아들의 행동은 옳은 걸까?

👧 옳다, 그르다 판단하기는 어려울 것 같아. 그 다이아몬드가 금화 1천개의 값어치를 갖고 있어도 절대 팔 수 없는 귀한 물건일 수도 있고, 아버지에게 추억이 담긴 물건일 수도 있는 거잖아.

🧑 정말 우리 영지한테 엄마가 많이 배우네? 다이아몬드를 6배나 비싸게 팔 수 있다는 것만 생각하기 쉬운데 말이야. 그런데 만약 아버지가 잠에서 깨어나서 왜 그렇게 좋은 기회를 놓쳤냐고 혼내시면 어쩌지?

👧 이 아들이 아무런 갈등 없이 그런 결정을 내린 걸 보니 아버지는 절대 그럴 사람이 아닐 것 같아. 아마도 칭찬하셨을 거 같은데?

🧑 영지의 믿음이 더 대단한 걸? 마치 이 아들처럼 의연하고 갈등 없이 대답하는걸 보니 말이야.

이 탈무드 내용을 읽고 대화해 볼만한 주제

- 글을 읽고 난 느낌
- 이 탈무드 내용에서 전하고자 하는 내용
- 제목에서 말하고 있는 함축적인 내용
- 이 탈무드 내용의 등장인물에 대한 이야기
- 이야기 전개에 대해서
- 담고 있는 교훈
- 상인의 생각에 대해서
- 아버지가 보였을 반응에 대해서
- 내가 아들이라면 어떻게 했을지
- 이 탈무드 내용과 비슷한 경험이 있었는지

이 탈무드 이야기로 엄마가 아이한테 던져볼만한 질문

- 이 탈무드 내용을 보니 어떤 느낌이 드니?
- 이 탈무드 제목 〈다이아몬드를 안 판 아들〉을 보고 드는 생각은?
- 이 탈무드 내용에서 알려주려는 내용은 무엇일까?
- 네가 아들이라면 어떻게 했을까?
- 이 내용과 비슷한 경험이 있니?
- 네가 아버지라면 잠에서 깨어난 후 뭐라고 했을까?
- 이 다이아몬드는 어떤 의미가 있었을까?
- 아버지를 깨울 수 없다며 다이아몬드를 팔지 않은 아들의 행동은 옳을까?

이 탈무드 이야기로 하브루타를 할 때 참고할 내용

이 이야기로 아이들과 어떤 얘기를 나눌 수 있을까? 강의 교육 현장에서 아이들에게 "다이아몬드를 팔지 않은 아들의 행동은 옳은 건가?"라는 질문을 먼저 던져 보니 영지처럼 "옳고 그름은 알 수 없다"는 의견도 있었고, "아버지를 깨워 팔았어야 한다. 다이아몬드는 살 때보다 팔 때 값이 훨씬 안 나가기 때문이다."라는 의견도 있었다. 부모님들은 "돈을 벌 수 있는 데도 팔지 않은 것은 대단한 효심이라고 생각할 수 있다.", "돈의 노예가 되지 않도록 자존심을 지킨 것이 아닐까?", "명백한 잘못이다.", "잘못된 생각이다. 바른 생각을 할 수 있도록 설득하고 깨닫게 해주어야 한다.", "잠을 깨우지 않기 위해 다이아몬드를 몇 배의 가격에 팔 기회를 놓친 사나이는 융통성이 부족한 것이다.", "아버지가 잠에서 깨서 그 이야기를 들었다면 정신 나간 놈이라고 뒤통수를 때렸을 것이다." 등 다양한 의견이 나왔다.

★ 하브루타 하기 좋은 탈무드 모음 ★

1. 〈사자와 가시〉

어떤 사자가 목구멍에 뼈가 걸려서 고통스러워 했다. 사자는 자신의 목구멍에서 뼈를 꺼내는 자에게 큰 상을 주겠다고 했다. 그러자 학 한 마리가 날아와서 사자를 살려 주겠다며 입을 크게 벌리게 했다. 학은 사자의 입 속에 머리를 집어넣고, 긴 부리를 이용해 쉽게 뼈를 꺼냈다. 학이 물었다.

"사자님, 제게 어떤 상을 주시겠습니까?"

사자는 화를 내며 대답했다.
"내 입 안에 머리를 넣고도 살아나올 수 있었으니 그게 바로 상이 아니겠느냐? 그렇게 위험한 상황에서 살아 돌아왔다는 게 큰 자랑이 될 것이니 그 이상의 상은 없을 것이다."

2. 〈희망〉

한 랍비가 여행을 떠났다. 그는 당나귀와 개, 그리고 작은 램프를 갖고 있었다. 밤이 되자 랍비는 허름한 헛간에 잠자리를 마련했다. 그런데 자기에는 조금 이른 시간이어서 램프를 켜고 책을 읽기 시작했다. 잠시 후 바람이 세게 불어와 램프의 불이 꺼져 버렸고, 그는 그냥 잠을 잤다. 그날 밤 여우가 나타나 개를 죽였고, 사자가 와서 당나귀도 죽였다. 날이 밝자 랍비는 램프만 갖고 다시 출발했다. 어떤 마을에 들어서니 인기척이 전혀 없었다. 그는 난장판이 된 마을의 모습을 보며 지난 밤에 도적떼의 습격을 받아 마을 사람들이 몰살당했다는 것을 알게 되었다. 마을을 벗어나며 랍비는 이렇게 중얼거렸다.

"만약 바람에 램프가 꺼지지 않았다면 도적에게 발견되었을 것이고, 개가 있었더라면 큰 소리로 짖어서 발견되었을 것이며, 당나귀도 분명 소란을 피워 나를 위험에 빠뜨렸을 것이다. 모든 것을 잃어버린 덕분에 목숨을 구할 수 있었구나. 역시 최악의 상황에서도 희망을 잃어버려서는 안 돼. 나쁜 일이 좋은 일로 연결될 수도 있으니 말이야."

3. 〈가장 큰 재산〉

어떤 배에 부자들과 랍비 한 명이 타고 있었다. 부자들은 서로 자신들의 재산을 보여주면서 자랑했다. 그러자 랍비가 말했다.

"저는 제가 가장 부자라고 생각하지만 지금은 재산을 보여드릴 수가 없네요."

그 때 해적이 배를 습격해서 부자들은 갖고 있던 재산을 모두 **빼앗겼다**. 해적이 돌아간 뒤 배는 낯선 항구에 닿았다. 랍비는 학식과 교양이 있다는 소문 덕분에 항구 근처의 학교에서 학생들을 가르치기 시작했다.
얼마 후 랍비는 배에서 만났던 부자들을 다시 만났는데, 모두 비참한 거지로 변해있었다. 그들이 한 목소리로 말했다.

"당신 말이 맞네요. 머릿속에 있는 지식은 다른 사람에게 뺏길 일이 없으니 교양이 있는 사람은 모든 것을 갖고 있는 것과 같군요."

4. 〈입을 쓰지 않는 이유〉

동물들이 모여서 이야기를 나누고 있을 때 뱀이 나타났다. 그러자 한 동물이 물었다.

"사자는 먹이를 쓰러뜨려서 먹고, 늑대는 먹이를 찢어발겨서 먹지. 뱀 너는 먹이를 통째로 꿀꺽 삼켜서 먹던데, 그 이유는 뭐야?"
뱀이 말했다.

"나는 중상(中傷, 근거가 없는 말로 남을 헐뜯어 명예나 지위에 해를 입힘)하
는 사람보다는 낫다고 생각해. 입으로 상대방을 해치지는 않기 때문이지."

남을 헐뜯는 험담은 살인보다 위험하다. 살인은 한 사람만 죽이지만 험담은
세 사람을 죽인다. 즉 나쁜 소문을 퍼뜨리는 사람과 그것을 듣는 사람, 그리
고 화제에 오른 사람이 그들이다.

5. 〈사람의 몸에서 가장 중요한 것〉

어떤 임금님이 희귀한 병에 걸렸다. 의사는 암사자의 젖을 먹어야 나을 수 있
다고 말했다. 그런데 암사자의 젖을 구하는 것이 문제였다. 한 남자가 그 소
식을 듣고 젖을 구하러 나섰다. 그는 사자 굴에 다가가 먹이를 조금씩 암사자
에게 주었다. 일주일쯤 지나자 암사자와 친해지게 되었고, 젖을 조금 짜낼 수
있었다. 왕궁으로 돌아오는 길에 그는 자신의 신체 부위들이 서로 싸우는 이
상한 꿈을 꾸었다. 몸에서 어떤 부위가 가장 중요한지가 주제였다. 다리는 자
기가 없었으면 사자가 있는 곳에 못 갔을 거라고 말했고, 눈은 자기가 없었으
면 안 보여서 거기에 갈 수가 없었을 거라고 말했으며, 심장은 자기가 없었으
면 거기에 갈 힘이 없었을 거라고 말했다. 그러자 갑자기 혀가 말했다.

"만약 말을 할 수가 없으면 너희들은 아무 쓸모도 없을 거야."

그 말을 듣고 몸의 각 부분들은 화를 내며 소리쳤다.

"뼈도 없고, 가치도 없는 하찮은 부분인 주제에 건방진 소리 하지마!"

남자가 왕궁에 다다랐을 때 혀는 이렇게 말했다.

"누가 가장 중요한지 너희들에게 알려줄테야."

임금님이 사나이에게 이 젖이 무슨 젖인지 물었다. 그러자 사나이가 뜬금없이 이렇게 말했다.
"개의 젖입니다."

몸의 모든 부분들은 혀가 얼마나 중요한지 깨닫고 급히 사과했다. 그제서야 혀는 다시 말했다.

"제가 말을 잘못했습니다. 이것은 분명히 암사자의 젖입니다."

---

* 좀더 자세한 정보는 네이버 ZINBOOK 하브루타 카페 '다매체 진북 하브루타 추천 콘텐츠 게시판' 참고
http://cafe.naver.com/zinbook

3교시
지적호기심을 자극하는
그림 하브루타 수업

그림은 선이나 색채를 이용해서 사람이나 사물, 풍경, 감정, 상상력 등을
구체적인 모습으로 표현한 것이다. 화가의 화풍에 따라 대상을 바라보는
관점과 표현하는 방식이 다양하기 때문에 그림을 보는 사람에 초점을 맞추면
나름의 다양한 해석이 가능해서 얘깃거리가 많이 나오는 매체다.
어렵고 난해한 그림이 아니라 대상이 명확하게 와 닿는 그림으로
하브루타를 시작하는 것이 좋다.

1단계 : 하브루타 하기 전 마음열기
2단계 : 그림 감상하기
3단계 : 그림에 대한 대화와 질문 나누기

1 | 《엄마와 아이》 에밀 무니에르

◆ ◆ ◆

이 그림을 선정한 이유

에밀 무니에르의 《엄마와 아이》라는 작품이다. 무니에르는 부유한 가정에서 태어나 파리 예술가 아파트에 스튜디오를 열고 친구이자 후원가였던 부궤로와 함께 평생 그림을 그렸다. 두 아이의 아버지였던 무니에르는 세상에서 가장 아름다운 아이들과 엄마의 모습을 많이 그렸다.

◆ 하브루타로 나눈 사례 ◆

영지야 이 그림을 보니 어떤 느낌이 들어?

애기가 너무 귀엽다. 그런데 애기는 기도 손까지 하고 엄마가 자기를 봐주기를 간절하게 바라는데 엄마는 다른 곳을 보고 있네?

두 사람의 시선이 보였구나?

우리 엄마도 그러는데.

정말? 엄마가 언제?

내가 엄마한테 말을 걸어도 휴대전화 보고 있을 때가 많잖아.

에고, 그랬구나. 엄마가 휴대전화로 일하는 게 많다보니…. 많이 섭섭했겠네. 미안해 영지야.

하긴 나도 그럴 때 많은데 뭐.

그래. 요즘 사람들은 모두 휴대전화 속에서 많이 사는 것 같아. 엄마도 고치려 노력할게.

우리 가족회의 해서 휴대전화 사용에 대해 규칙 정하자.

아주 좋은 생각이네. 그럼 이번 주말에 '휴대전화 사용 문제'에 대해 가족회의 하자.

🧑 좋아!

👩 우리 그림 얘기하다가 휴대전화 이야기로 빠져버렸네.

🧑 그러게. 엄마는 이 그림 보니 어떤 느낌이 들어?

👩 먼저 질문해주니 좋은데? 다음 그림 하브루타 할 때는 영지가 먼저 질문해볼래?

🧑 좋아.

👩 엄마도 영지처럼 엄마와 아이의 시선이 서로 다른 곳을 향하고 있는 게 이상했는데 동시에 옷이 참 예쁘다는 생각도 들었어. 연한 하늘색 줄무늬가 있는 원피스와 레이스 숄이 정말 아름다워 보이고 전체적인 색감도 엄마가 정말 좋아하는 색깔들로 이루어져 있고 그림이 정밀하고 사실적이라는 생각이 들었어.

🧑 나는 이런 스타일의 옷 안 좋아하는데, 전경과 배경 그리고 음영과 색감 등은 정말 좋은 것 같아.

👩 역시 미술학도라 표현이 다른 걸?

🧑 엄마, 이제 고슴도치 그만 좀 하자.

👩 그래. 그림에서 또 느껴지는 건 없니?

🧑 왠지 이 엄마가 조금 슬퍼 보여. 애기는 엄마한테 계속 뭔가 말하고 있는 것 같은데 엄마가 애기한테는 관심이 없고 다른 뭔가를 생각하고 있나봐.

👩 그렇게 볼 수도 있구나. 그런데 이 그림은 우리 시각과는 달리 엄마와 아이의 모습을 담은 명화들만 모아서 엮은 〈엄마는 나를 정말 사랑하나봐, 김이연지음/정글짐북스〉라는 그림책 표지로 쓰

였단다. 저자는 이 그림에 마음을 빼앗겨서 엄마와 아이의 모습이 담긴 그림들을 모았고 23작품에 대한 글을 쓰면서 작가가 되었대. 이 그림에는 "너는 엄마에게 위안을 주는 사람, 아무리 힘들 때라도 널 꼭 껴안으면 온갖 시름이 사라져 버려. 너를 품에 안으면 엄마는 세상에서 가장 행복한 사람이 되거든."이라는 글이 씌여 있단다.

🧑 보는 사람마다 그림에 대한 해석은 정말 다를 수 있는 것 같네, 엄마.

👩 그게 그림이 가지는 매력인 것 같기도 해.

이 그림을 보고 나눌 수 있는 하브루타 주제

- 그림을 보고 난 느낌들. 전체적인 느낌에서 세부적인 느낌까지
- 그림에 제목을 붙여 본다면?
- 어느 시대, 어떤 화풍의 그림일까?
- 화가는 누구일까?
- 화가는 어떤 마음으로 이 그림을 그렸을까?
- 사람들은 이 그림에서 어떤 느낌을 받을까?
- 이 화가의 그림을 더 감상해볼까?

그림을 보고 엄마가 아이한테 던져볼만한 질문은 어떤 것이 있을까?

- 전체적인 그림의 느낌이 어때?
- 두 손을 모은 아기는 엄마에게 무슨 말을 하고 있을까?
- 어느 시대, 어느 나라, 어떤 곳에서 그린 그림일까?
- 화가는 왜 이 그림을 그리게 되었을까?

- 엄마는 어디를 쳐다보고 있는 걸까?
- 엄마는 무슨 생각을 하고 있는 걸까?
- 이 그림에 제목을 붙여 본다면?
- 화가는 이 모녀와 어떤 관계일까?

이 그림을 보고 하브루타를 할 때 참고할 내용

그림을 보고 해석하는 것은 독자의 몫이라 했듯이, 그림은 어떤 매체보다 더 보는 사람마다 자신의 상황에 맞추어 해석하게 되는 것 같다. 같은 맥락에서 그림책 역시 보는 사람마다 해석이 달라지는 건 마찬가지여서 그림이 풍부하게 들어있는 책은 하브루타 하기 좋은 책이다. 강의 교육 현장에서 이 그림을 보고 나눈 하브루타에서는 주로 "사랑스런 아기와 아름다운 엄마의 모습 같다.", "뭔가 어색하다. 아기랑 엄마가 마주 보면 사랑스러운 느낌이 들 것 같다.", "어떤 고민이 있어 자신에게 집중하지 못하는 엄마를 보며 아이가 걱정하지 말라는 눈빛을 전하는 모습인 것 같다.", "육아에 지쳐서 아이에게 사랑스런 눈길을 주지 못하는 엄마의 모습인 것 같다.", "사진관에서 가족 사진을 찍으면서 비슷한 상황이 연출되었던 경험이 떠오른다.", "조금은 다른 관점에서 유권자는 아이처럼 정치인을 쳐다보고 있지만 정치인은 다른 곳에 정신이 팔려있어서 유권자를 쳐다보지 않는 것 같다." 등의 이야기를 나누었다.

2 |《피아노를 치는 소녀들》 피에르 오귀스트 르누아르

◆ ◆ ◆

이 그림을 선정한 이유

이 그림은 인상파의 대표적인 화가 중 한 사람인 르누아르의《피아노 치는 소녀들》이라는 작품이다. 갈색머리에 분홍색 옷을 입은 소녀와 금발에 흰 옷을 입고 있는 소녀의 옷과 머리모양의 표현이 흐르는 듯 부드럽게 매우 섬세한 필치로 그려졌다. 그림을 좀 더 자세히 보면 소녀들의 밝고 건강한 피부와 화려한 옷차림, 커튼 너머로 보이는 그림, 잘 정리된 집안의 구조 등은 편안하고 안락한 당시 파리의 부유한 가정의 모습을 알 수 있다. 전체적으로 온화하고 따사로운 느낌을 받는 그림이다.

◆ 하브루타로 나눈 사례 ◆

엄마, 르누아르의《피아노를 치는 소녀들》이야. 한번 감상해봐.

지난번 봤던 에밀 무니에르의 그림과 화풍이 비슷한 것 같아 보이네.

같은 시대 사람이라 인상주의 영향을 받았겠지?

사전 조사까지 했나 보네?

조금 봤지. 르누아르는 대표적인 인상파였다가 후기에 자신만의 화풍으로 변모했는데 이 그림은 후기에 프랑스 정부가 뤽상부르크 미술관에 전시할 그림을 요청해서 그린 작품이래.

와, 그런 전문지식까지. 앞으로 엄마도 하브루타 하기 전에 연구 좀 많이 하고 해야겠는걸?

엄마랑 하브루타 하다 보니 미리 공부를 하게 되네?

르누아르가 유명한 사람이지만 엄마는 지난번 에밀 무니에르 그림이 더 마음에 드는 걸?

🧑 유명하다고 꼭 좋은 그림은 아니니까. 엄마 취향에 그 그림이 맞나보지.

👩 그런가? 르누아르 그림도 밝고 좋네. 엄마는 피카소 그림처럼 추상적인 그림보다 이렇게 따뜻하고 정감 있는 그림들이 좋은 것 같아.

🧑 엄마는 그렇구나. 나는 추상적인 그림이 더 좋은데. 다음엔 추상화도 한번 볼까?

👩 오케이 좋아.

이 그림을 보고 나눌 수 있는 하브루타 주제

- 그림을 보고 난 느낌들. 전체적인 느낌에서 세부적인 느낌까지
- 그림에 제목을 붙여 본다면?
- 어느 시대, 어떤 화풍의 그림일까?
- 화가는 누구일까?
- 화가는 어떤 마음으로 이 그림을 그렸을까?
- 사람들은 이 그림에서 어떤 느낌을 받을까?
- 이 화가의 그림을 더 감상해볼까?

그림을 보고 엄마가 아이한테 던져볼만한 질문은 어떤 것이 있을까?

- 전체적인 그림의 느낌이 어때?
- 피아노를 치고 있는 소녀는 무슨 생각을 하고 있을까?
- 어느 시대, 어느 나라, 어떤 곳에서 그린 그림일까?
- 화가는 왜 이 그림을 그리게 되었을까?

- 서서 바라보는 소녀는 누구일까?
- 인상파는 어떤 화풍을 말하는걸까?
- 이 그림에 제목을 붙여 본다면?
- 이 소녀들은 서로 어떤 관계일까?

이 그림을 보고 하브루타를 할 때 참고할 내용

이 그림을 보고 어떤 얘기를 나눌 수 있을까? 강의 교육 현장에서는 다음과 같은 이야기를 나누었다. "음을 하나씩 짚어주는 섬세한 손길이 느껴진다.", "피아노 연주 대회에 나가는 친구를 위해 도와주는 것 같다.", "피아노를 처음 쳐보는 친구를 가르쳐주는 장면인 것 같다", "건반의 끝 부분을 치고 있는 걸로 봐서 어느 정도 실력이 있는 소녀들이 피아노를 치는 장면인 것 같다.", "피아노 레슨을 받고 있는 아이의 모습 같다.", "피아노를 치기 싫어하는 모습이다.", "피아노 치는 소녀들의 모습을 보니까 너무 아름다워서 다시 피아노를 배우고 싶어진다.", "화풍이 정말 섬세하고 밝고 아름답다." 등의 다양한 이야기를 나눌 수 있을 것이다.

3 | 《점심》 클로드 모네

◆ ◆ ◆

이 그림을 선정한 이유

　이 그림은 인상파의 창시자인 클로드 모네가 그린 《점심》이라는 작품이다. 그림의 배경은 모네의 집 정원으로, 아름다운 꽃들이 흐드러지게 피어 있고, 드레스를 입은 두 여인과 바닥에 앉아 재미있게 놀고 있는 아이의 모습을 볼 수 있다. 아이는 모네의 아들이라고 한다. 따스한 햇볕이 내리쬐는 오후의, 아름다운 정원 풍경에서 평화로운 느낌을 받을 수 있다. 모네 그림의 특징은 가까이 보면 어떤 그림인지 잘 보이지 않지만 '빛은 색채이다'라는 인상주의 원칙에 따라 조금 떨어져 보면 햇빛을 받아 반짝이는 꽃이 핀 아름다운 정원과 사랑스러운 아이의 모습이 더욱 잘 보일 것이다.

◆ 하브루타로 나눈 사례 ◆

🧑 이건 누구의 그림일까?

🧑 인상파의 창시자 모네의 그림이네. 르누아르랑 친구여서 같이 그림을 그리곤 했대.

🧑 와, 그런 것도 알아?

🧑 지난번에 조사할 때 봤던 내용이야. 모네는 '빛이 곧 색채'라는 인상주의 원칙을 지켰고, 빛이 변화하는 것에 따라 사물의 모습이 변하는 걸 탐색하기 위해 연작을 그렸다고 해. 사가는 사람은 그 중에서 제일 마음에 드는 그림을 사가는 거지. 빛을 보고 그림을 그리다보니까 시력이 나빠졌다는데. 자기 원칙을 지키기 위해 너무 무리한 것 같아.

🧑 자기가 믿고 있는 원칙을 지키기 위해서는 무리가 되더라도 밀고 나가는 게 옳을까? 아니면 적당히 현실과 타협하는 것이 옳을까?

🧑 현실과 타협이라기 보다 가족도 있는데 자기 자신의 원칙을 지키기 위해 몸이 망가지거나 목숨을 잃게 되면 안 되지 않을까?

🧑 그렇다면 우리나라를 지키기 위해 일제 강점기 때 목숨 바쳐 나라를 지킨 분들은?

🙍 그건 다른 문제인거 같아.

🙍‍♀️ 아, 그럼 나라를 위해서 희생하는 건 괜찮고 자기 원칙을 지키기 위해서는 안 되는 것인가? 모네의 경우도 그런 원칙을 지켰기에 지금까지 인상파의 대표 인물로 불리는 거 아닐까?

🙍 글쎄. 자기가 하고 싶은 그림을 그리면 되는 건데, 몸을 상할 정도까지 해서는 안 될 것 같아. 말년에 백내장으로 시력을 거의 잃었대. 그래도 계속 그림을 그린 걸 보니 좋아하는 그림을 보지도 못했을 텐데 말이야.

- 중략 -

이 그림을 보고 나눌 수 있는 하브루타 주제

• 그림을 보고 난 느낌. 전체적인 느낌에서 세부적인 느낌까지
• 그림에 제목을 붙여 본다면?
• 어느 시대, 어떤 화풍의 그림일까?
• 화가는 누구일까?
• 화가는 어떤 마음으로 이 그림을 그렸을까?
• 사람들은 이 그림에서 어떤 느낌을 받을까?
• 이 화가의 그림을 더 감상해볼까?

그림을 보고 엄마가 아이한테 던져볼만한 질문은 어떤 것이 있을까?

• 전체적인 그림의 느낌이 어때?
• 테이블 옆에 있는 아이는 뭘 하고 있을까?

- 이런 곳에서 점심을 먹는다면 어떤 기분이 들까?
- 어느 시대, 어느 나라, 어떤 곳에서 그린 그림일까?
- 화가는 왜 이 그림을 그리게 되었을까?
- 점심 메뉴는 어떤 것들이었을까?
- 인상파는 어떤 화풍을 말하는 걸까?
- 이 그림에 제목을 붙여 본다면?
- 이곳에서 식사를 하는 사람들은 어떤 사람들일까?
- 이렇게 멋진 곳에서 식사해 본 경험은?

이 그림을 보고 하브루타를 할 때 참고할 내용

이 그림을 보고 어떤 얘기를 나눌 수 있을까? 강의 교육 현장에서는 다음과 같은 이야기들을 나누었다. "그림 속의 집이 아무 때나 찾아가도 반겨주는 친한 친구의 집이라면 좋겠다.", "아이들이 학교에 가고나서 엄마들끼리 브런치 타임을 갖는 느낌이 든다.", "초대를 받아 저런 곳에서 멋진 점심 식사를 하고 싶다.", "두 여인 중에 주인이 있을까? 두 사람은 어떤 관계일까?", "테이블 옆에 있는 아이는 누구의 아이인지, 남자 아이인지 여자 아이인지 궁금하다.", "아이는 무엇을 하고 있는 것일까?", "점심을 먹기 전인지 먹고 난 후인지 궁금하다.", "주 메뉴가 무엇이었을까?", "나뭇가지에 모자는 왜 걸어두었을까?", "아이는 무엇을 하고 놀고 있을까?", "벤치에 있는 건 어떤 물건인지 궁금하다." 등의 이야기를 나눌 수 있을 것이다.

■ 그림을 보다가 찬성과 반대 입장으로 나뉘는 경우

영지와의 대화에서처럼 서로 입장이 나뉘거나 가치 판단을 할 내용이 있는 경우 1:1 찬반 하브루타를 해볼 수도 있다. 아이가 어리더라도 찬·반 하브루타로 팽팽하게 자기 의견을 제시하면서 논쟁까지 해볼 수 있다면 유대인 못지않게 하브루타를 깊게 해볼 수 있다. 결론이 나지 않아도 좋다. 누가 이기거나 지려고 하브루타를 하는 것이 아닌 만큼, 중요한 것은 하브루타를 하는 동안 자신의 의견이 생기고 그 의견을 타당하게 하기 위해 논리가 생기며 사고력이 증진된다는 점이다. 실제로 아이랑 이야기를 나누다가 1:1 찬반 하브루타 주제가 나와 찬반 토론을 벌였는데 무척 길게 서로의 의견을 나누게 되어 지면에 다 담지 못했다.

4 | 《선상 화실에서 그림을 그리는 모네》에두아르 마네

◆ ◆ ◆

이 그림을 선정한 이유

이 그림은 인상주의의 아버지라 불리는 마네의 《선상 화실에서 그림을
그리는 모네》라는 작품이다. 마네의 친구인 모네가 배 위에서 캔버스를 펼
치고 그림을 그리고 있는 모습을 그린 것이다. 선상 화실이라는 것 자체로

낭만적으로 보인다. 모네는 천막과 모자로 햇빛을 가리고 잔잔한 배 위에서 편안한 자세로 주변의 풍경을 그리고 있는데 햇빛이 물 위에 반사되어 반짝이는 분위기가 잘 표현되어 있다. "그림이란 자연과 사물을 그대로 그리는 것만이 아니라 화폭 위에 색들을 배치하는 것이다" 라고 말한 마네의 생각처럼 다양한 색들이 서로 조화롭게 배치되어 있는 작품이다.

◆ 하브루타로 나눈 사례 ◆

🧒 엄마, 이 그림 제목이 뭘까?

👩 지난번 모네 그림과 너무 비슷한 걸? 모네의 그림?

🧒 땡! 모네 친구 마네의 〈선상 화실에서 그림을 그리는 모네〉랍니다.

👩 아무리 친구라지만 그림이 정말 비슷하다.

🧒 우리 엄마 그림 보는 안목이 있으신데?

👩 서로 칭찬해주기? ㅎㅎ 옛날 학창시절에 엄마도 그림 그리러 다닌 적 있는데, 이 그림보니까 그때 생각이 나네?

🧒 엄마가 그림에 소질이 있어서 오빠랑 나도 그림을 그리게 되나봐.

👩 영향이 없지는 않겠지? 엄마는 너희 둘 다 전문적으로 그림을 그리게 돼서 너무 기뻐.

🧒 엄마도 지금부터라도 다시 그려봐.

👩 그래, 언젠간 그리게 될지도 몰라. 그럼 이 그림을 그린 마네랑 모델이 된 모네처럼 사이좋게 같이 그림 그리는 여행도 가면 좋겠다. 그치?

🧒 와! 프랑스로!

이 그림을 보고 나눌 수 있는 하브루타 주제

- 그림을 보고 난 느낌. 전체적인 느낌에서 세부적인 느낌까지
- 그림에 제목을 붙여 본다면?
- 어느 시대, 어떤 화풍의 그림일까?
- 화가는 누구일까?
- 화가는 어떤 마음으로 이 그림을 그렸을까?
- 사람들은 이 그림에서 어떤 느낌을 받을까?
- 이 화가의 그림을 더 감상해볼까?

그림을 보고 엄마가 아이한테 던져볼만한 질문은 어떤 것이 있을까?

- 전체적인 그림의 느낌이 어때?
- 화가가 그리고 있는 것이 무엇일까?
- 이 배는 누구의 배일까?
- 어느 시대, 어느 나라, 어떤 곳에서 그린 그림일까?
- 화가는 왜 이 그림을 그렸을까?
- 배에 타고 있는 다른 사람은 누구일까?
- 인상파는 어떤 화풍을 말하는 걸까?
- 이 그림에 제목을 붙여 본다면?
- 네가 좋아하는 화가의 그림은?

이 그림을 보고 하브루타를 할 때 참고할 내용

이 그림을 보고 어떤 얘기를 나눌 수 있을까? 실제 강의 교육 현장에서는 다음과 같은 이야기를 나누었다. "배를 갖고 있는 친구가 있었으면 좋겠다.", "공부하지 않고 배를 타고 실컷 놀면 좋겠다.", "이런 배 말고 보트를 타고 싶다.", "배 위에서 사랑하는 사람과 그림을 그리며 둘만의 세계를 여행하는 것 같아 부럽다.", "가난한 예술가의 일상이다.", "친구들과 함께 인근 계곡으로 그림을 그리러 갔던 경험이 생각난다.", "평지에서도 힘든데 흔들리는 배 위에서 그림을 그릴 수 있다는 것이 대단해 보인다.", "노를 젓고 난 후에 그림을 그리려면 체력도 강해야 할 것 같다.", "배 위에서 풍경 그림을 그리는 모네를 바라보고 있는 친구 마네는 어떤 생각을 하고 있을까?", "배 위의 화가와 이를 지켜보는 여인, 둔치에 있는 또 다른 화가와 이 장면을 상상하는 나 자신까지 한 장면으로 떠올라 흥미롭다." 등의 이야기를 나눌 수 있을 것이다.

5 | 《라 그랑드 자트 섬의 일요일 오후》 조르주 쇠라

◆ ◆ ◆

이 그림을 선정한 이유

이 그림은 신인상주의를 대표하는 쇠라의 작품으로 점묘주의의 출현을 알린 대표작품이다. 일요일 오후 그랑드 자트 섬의 공원에서 여유있는 시간을 보내는 사람들의 모습을 담고 있다. 쇠라는 이 그림을 완성하는데 2년이라는 시간을 들였다고 한다. 아이와 손을 잡고 산책하는 엄마, 풀밭에 누워서 여유로이 강을 바라보는 남자, 뛰어 다니는 아이들과 강아지 모습들이 담겨 있다. 그림을 좀 더 자세히 보면 수없이 많은 작은 색점이 보인다. 멀리서 보면 점들은 보이지 않고 아름다운 풍경이 보인다. 공원에서 한가롭게 산책하는 사람들의 모습이라는데 왠지 격식있게 차려 입은 모습이 불편해 보여 이야기거리가 많다.

◆ 하브루타로 나눈 사례 ◆

🧑 영지야, 이 그림 본 적 있니?

🧒 아니, 처음 보는 그림인데?

🧑 이 그림 어때?

🧒 음, 뭔가 특이해. 강아지나 어린아이, 옷을 벗고 누운 남자, 요트 같은 그림은 한가하고 여유로워 보이는데, 성인 남자랑 여자들은 뭔가 경직되고 딱딱해 보여. 화풍도 독특한 듯.

🧑 엄마는 그림은 전혀 모르지만 옛날 귀족들의 옷이어서 그런 거 아닐까?

🧒 특이하다. 가까이 보니까 점으로 되어 있네? 점묘법이구나.

🧑 점묘법도 아는구나? 점묘주의가 출현한 걸 알린 역사적인 그림이라는구나. 2년이나 걸려서 완성한 작품이래. 이 그림을 그리는 동안 풀이 자라서 친구한테 풀을 베어달라고 할 만큼 완벽주의 성향의 작가였대.

🧒 한번 검색 해봐야겠어. 조르주 쇠라. 백과사전 보니까 그림에 나

타나는 이상한 부자연 스러운 표정들, 경직된 것 같은 움직임, 이런 것이 어떤 뜻을 담은 줄 알았는데 그것보다 수백만 개의 점으로 표현하려 한 건 오직 '빛'이라네. 와! 작가의 집념이 보이는 것 같아.

이 그림을 보고 나눌 수 있는 하브루타 주제

- 그림을 보고 난 느낌. 전체적인 느낌에서 세부적인 느낌까지
- 그림에 제목을 붙여 본다면?
- 어느 시대, 어떤 화풍의 그림일까?
- 화가는 누구일까?
- 화가는 어떤 마음으로 이 그림을 그렸을까?
- 사람들은 이 그림에서 어떤 느낌을 받을까?
- 이 그림에 숨겨진 스토리가 있을까?

그림을 보고 엄마가 아이한테 던져볼만한 질문은 어떤 것이 있을까?

- 전체적인 그림의 느낌이 어때?
- 강가에 나와 있는 사람들이 왜 격식을 차린 옷을 입었을까?
- 반팔 반바지의 편한 차림으로 누워있는 사람은 어떤 사람일까?
- 어느 시대, 어느 나라, 어떤 곳에서 그린 그림일까?
- 화가는 왜 이 그림을 그렸을까?
- 점묘법이란 어떤 화법일까?
- 2년 동안 그림을 그리면서 포기하고 싶지 않았을까?
- 제일 오랜 기간 동안 그린 그림은 무엇일까?
- 이 그림에 제목을 붙여 본다면?

- 정장을 차려 입은 사람들은 어떤 사람들일까?
- 이렇게 멋진 곳에서 산책해 본 경험은?

이 그림을 보고 하브루타를 할 때 참고할 내용

이 그림을 보고 어떤 얘기를 나눌 수 있을까? 실제 강의 교육 현장에서는 다음과 같은 하브루타를 나누었다. "모든 어른 여자들이 쓰고 있는 모자에서 그 시대의 문화를 엿볼 수 있다.", "단조로운 일상이지만 의상과 자태에서 귀족의 풍요로움과 여유가 느껴진다.", "한가로운 일요일 오후인 데도 격식을 차려 입은 그들의 옷차림과 표정이 여유롭기 보다는 정지화면을 보는 느낌이 든다.", "경기도 하남시의 미사리 요트경기장 주변에 들어선 신규 아파트 분양광고 같다.", "주말뿐만 아니라 틈만 나면 강가나 잔디밭에서 일광욕을 즐기거나 멍 때리기를 하면서 소소한 일상의 작은 행복을 누리는 서양인들의 한가로움과 여유가 느껴진다.", "늘 뭔가 새롭고 자극적인 것들만 찾아다니며 해치우듯이 시간을 보내는 우리들과 대조되는 모습이다.", "장례식장에 간 것 같다.", "그림이 환하기보다 좀 어두운 것 같아 보인다.", "엄청나게 많은 점으로 그림을 완성한 작가가 정말 대단해 보인다." 등의 이야기를 나눌 수 있을 것이다.

★ 하브루타 하기 좋은 그림 모음 ★

1. 〈별이 빛나는 밤〉 – 빈센트 반 고흐

2. 〈꿈〉 – 파블로 피카소

3. 〈서당〉 – 단원 김홍도

4. 〈잠자는 집시 여인〉 – 앙리 루소

5. 〈카드놀이 하는 사람들〉 – 폴 세잔

6. 〈단오풍정〉 – 신윤복

7. 〈우리는 어디서 왔으며 누구이고 어디로 가는가〉 – 폴 고갱

8. 〈언제 결혼하니?〉 – 폴 고갱

9. 〈시골 결혼식〉 – 앙리 루소

10. 〈오르가스 백작의 장례식〉 – 엘 그레코

11. 〈절규〉 – 에드바르 뭉크

12. 〈인왕제색도〉 – 겸재 정선

13. 〈무대 위의 두 발레리나〉 – 에드가르 드가

14. 〈비 오는 날 파리의 거리〉 – 귀스타브 카유보트

15. 〈울고 있는 여인〉 – 파블로 피카소

16. 〈수박과 들쥐〉 – 신사임당

17. 〈공놀이하는 남자들〉 – 앙리 루소

18. 〈이삭줍기〉 – 장 프랑수아 밀레

19. 〈아테네 학당〉 – 라파엘로

20. 〈성 근처에서 스케이트를 지치는 겨울 풍경〉 – 헨드릭 아베르캄프

21. 〈흰소〉 – 이중섭

22. 〈안개 바다 위의 방랑자〉 – 카스파 다비드 프리드리히

23. 〈코카콜라〉 – 앤디 워홀

24. 〈방이 다 보이는데! … 아무도 없어!〉 – 로이 리히텐슈타인

25. 〈빨래터〉 – 박수근

---

*좀더 자세한 정보는 네이버 ZINBOOK 하브루타 카페 '다매체 진북 하브루타 추천 콘텐츠 게시판' 참고

http://cafe.naver.com/zinbook

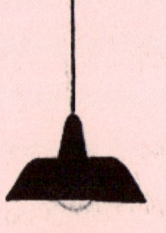

4교시
은유적 표현과 언어의 유희를 배우는
시 하브루타 수업

시는 인간의 사상과 감정을 함축적이고 운율적인 언어로 표현한 글이다.
'함축과 은유'라는 시의 특성 때문에 시를 어렵게 생각하는 사람들이 많다.
하지만 '함축과 은유' 때문에 시는 얘깃거리가 많은 매체다.
길고 어려운 시가 아니라 짧고 쉬운 시로 하브루타를 시작하는 것이 좋다.
시 하브루타 수업에서는 시대를 초월해 명시로 꼽히는 시를 한편 서로 낭독하고
하브루타를 해도 좋다. 자녀의 학년이나 연령대에 맞는 시를 선별하거나 자녀의
교과서에 등장하는 시 한편을 읽고 해도 좋다. 엄마가 좋아 하는 시를 자녀와
함께 나누는 것도 의미있는 하브루타가 될 것이다. 시를 선정하는
특별한 기준보다는 함께 낭독하기 좋고 생각이 많이 드는 시라면 좋다.

1단계 : 하브루타 하기 전 마음 열기
2단계 : 시 낭독 하기
3단계 : 시에 대한 대화와 질문 나누기

1 | 《풀꽃》나태주

자세히 보아야 예쁘다

오래 보아야 사랑스럽다

너도 그렇다.

이 시를 선정한 이유

나태주 시인의 풀꽃은 너무 짧지만 가슴 뭉클해지고 주변을 돌아보고 소중함을 찾게 하는 시다. 실제로 풀꽃은 화려한 꽃들과 달리 주목하는 이 없어도 자기만의 매력으로 잔잔하게 피어난다. 관심이 없는 사람들 눈에는 보이지 않을 수도 있다. 그러나 시인의 표현처럼 풀꽃은 자세히 오래 볼수록 그 매력이 있는 사랑스러운 꽃이다. 세상에 허투루 태어난 것은 아무 것도 없을 것이다. 우리가 대하는 것들에 깊게 관심을 갖는다면 그것들은 나에게 소중하고 특별한 존재가 된다는 교훈도 담고 있다. 특히 이 시가 전달하려는 주제는 엄마가 아이한테 말하고 싶어하는 좋은 주제가 들어있다. 오래 볼수록 은은한 빛과 향기가 나는 사람이 되길 바라는 마음이 그것이다. 하지만 교육 현장에서 아이들과 하브루타를 해 본 결과는 사뭇 달랐다. 그렇더라도 아이는 엄마와 이 시를 함께 읽고 사람을 대하는 태도, 왕따문제, 여러 가지 선입견 등에 대해 나눈 이야기들을 오래오래 기억하게 될 것이다. 시 하브루타를 할 때는 제목과 지은이를 먼저 알려주지 않는 것이 좋다. 제목을 알려주면 답을 알려주는 결과를 빚기 때문이다.

◆ 하브루타로 나눈 사례 ◆

🧑 이 시를 읽으니 어떤 생각이 들어?

🧑 정말? 내가 자세히 봐야 예뻐? 그럼 처음 봤을 땐 안 예쁘다는 거야?

🧑 아, 그런 느낌으로 들리는구나?

🧑 이 시를 읽는 사람을 본적이 있어.

👧 그게 누군데?

🧑 학교 2014라는 프로그램에서 왕따 당하던 친구가 다른 학교로 전학 가는데 이종석이 이 시를 낭송해서 그 친구가 울었어.

👧 그랬구나. 그럼 영지는 이 시의 느낌이 어때?

🧑 나한테 누가 이 시를 읽어주면 기분 나쁠 거 같아.

👧 왜 기분이 나쁘지?

🧑 처음에는 안 예쁘고 사랑스럽지 않다는 거잖아. 드라마에서처럼.

👧 이 시의 제목을 알아?

🧑 꽃?

👧 응. 나태주 시인의 풀꽃이야

🧑 그니까, 풀꽃은 화려하지도 않고 눈에 잘 띄지도 않아서 오래 봐야만 예쁘다는 거잖아.

👧 처음에 눈에 띄는 게 좋은 걸까? 처음엔 잘 몰랐는데 오래 사귈수록 점점 더 좋은 사람도 있잖아.

🧑 그래도 난 처음부터 예쁘게 보이면 좋겠어.

👧 그렇구나, 혹시 처음에는 흉해 보였는데 자세히 보고 오래 보면 예쁘고 사랑스럽게 보이는 것도 있을까?

🧑 있어! 쥐, 자세히 보면 까만 눈을 하고 손으로 뭔가를 쥐고 열심히 먹고 있는 모습이 꼭 다람쥐 같아.

👧 그렇구나, 그런데 왜 사람들은 쥐를 흉측스럽다고 할까?

🧑 더러운 곳에 살고, 병균을 옮기니까 그런 것 같아. 쥐들도 깨끗한

곳에 살게 하고 좋은 먹이를 주면 햄스터처럼 애완동물이 될 수도 있을텐데.

🧑 그렇겠네!

이 시로 대화해 볼만한 주제는?

- 시를 읽고 난 느낌들. 아주 사소한 것에서부터 묵직한 느낌까지.
- 제목에 대한 생각
- 단어에 대한 토론들. 꽃, 풀꽃, 자세히 본다는 것의 의미, 오래 보아야 한다는 것의 의미
- 꽃을 보는 사람의 시선
- 사람을 보는 사람의 시선. 선입견, 편견, 화려함과 초라함 등
- 이 시인이 지은 다른 시에 대해서

시에서 엄마가 아이한테 던져볼만한 질문은 어떤 것이 있을까?

- 이 시를 읽고 어떤 단어가 떠오르니?
- 네가 이 시의 제목을 만든다면 무엇으로 하면 좋을까?
- 이 시를 읽으면 어떤 기분이 드니?
- '자세히 본다'와 '오래 본다'는 어떻게 다른 걸까?
- '너도 그렇다' 다음에 한 줄을 추가해 볼까?
- 이 시를 들려주고 싶은 사람은?

이 시로 자녀와 하브루타를 할 때 참고할 내용

이렇게 시작된 하브루타는 풀꽃을 소재로 한 시 자체에 머물지 않고 다양한 대상으로 옮겨가며 깊이 있는 하브루타 소재가 된다. 말썽쟁이 아이들의 모습을 떠올리며 자세히 보고 오래 볼수록 예쁘고 사랑스럽게 느껴진다는 이야기를 할 수 있고, 외모 지상주의에 대해 이야기 해볼 수도 있다. 쥐는 물론, 뱀이나 이구아나 등 '혐오스럽다'는 생각은 선입견일 뿐이라는 생각도 할 수 있다. 질문을 확대해 가다보면 장애인이나 성 소수자 등 많은 사람들이 편견과 선입견으로 바라보는 사람들에 대해서도 생각해 볼 수 있을 것이다. 중요한 것은 하브루타를 통해 부모가 생각하는 정답을 제시하거나 부모 뜻대로 이끌고 가서는 안 된다는 것이다.

2 | 《그 꽃》 고은

내려갈 때 보았네

올라갈 때 못 본

그 꽃

이 시를 선정한 이유

민족시인인 고은 선생의 시다. 유난히 삶의 굴곡으로 아픔과 고난이 많았던 시인은 일상이 결코 가볍지 않기에 한 생명, 한 사람의 삶 또한 결코 가볍지 않음을 간파한다. 《그 꽃》역시 우리가 무심코 지나칠 수 있는 가벼움에 대해 돌아보게 하는 시다. 바쁜 세상을 살면서 우리는 얼마나 많은 것들을 놓치고 가는지 살펴볼 수 있는 시간이 될 것이다. 이 시로 하브루타를 할 때는 제목을 알려주지 않고 시를 낭송하는 방법을 권한다. 교육 현장에서 이 시로 하브루타를 나누었을 때 아이들은 타인의 입장을 이해하려고 노력했으며, 자신의 진로에 대해서도 생각해 보게 되었고, 꿈은 있지만 현재 자신이 어떤 위치에 있는지도 성찰할 수 있는 시간을 갖게 했던 좋은 시였다. 다시 한번 강조하지만 정답을 찾거나 결론을 내지 말아야 한다.

◆ 하브루타로 나눈 사례 ◆

이 시를 읽으니 어떤 느낌이 드니?

이 사람은 위쪽만 바라보았나봐.

위쪽만 바라보았다는 게 무슨 뜻이지?

항상 목표가 높이 있어서 밑을 내려다보지 않는 거지.

오, 그렇구나.

그런데 그 꽃은 사람들이 보기에 최고가 아닌가봐. 정말 예쁜 꽃은 위치가 어디에 있든 눈에 띄는데.

정말? 예쁜 꽃이라는 건 무얼 말하는 거야?

외모일 수도 있고 공부일 수도 있지.

정말? 예뻐서 어디서나 눈에 띄는 사람을 본 적 있어?

응. 우리학교 전교 1등인 원지는 얼굴까지 예뻐서 선생님들이 다 예뻐해.

그럼 원지는 정말 기분이 좋겠네?

그렇지 않은가봐. 스타들이 혼자 조용히 있고 싶어 하잖아. 그 친구도 그럴 때가 많대.

그럴 수도 있겠다. 그런데 아까 목표가 높이 있으면 밑을 내려다보지 않는다고 했는데, 이 시의 주인공은 올라갔다가 내려가는 것 같네?

목표를 달성해서 마음의 여유가 생겼나보지.

아, 그래? 목표를 달성해서 여유가 생기면 내려가는 건가?

아니, 마음의 여유가 생겨서 안 보이던 게 보이나봐. 좋은 거지.

그렇게 생각할 수 있겠구나. 우리 영지도 올라가는 중이야?

아니, 나는 올라가지도 않았고 내려가지도 않았어. 평지를 걷는 중이야.

그건 무슨 뜻이야?

마음속에 목표는 있는데 노력을 안 하고 있거든. 그래서 나는 내려가지도 올라가지도 않고 있어.

- 중략 -

이 시로 대화해 볼만한 주제는?

- 시를 읽고 난 느낌들. 아주 사소한 것에서부터 묵직한 느낌까지
- 제목에 대한 생각
- 단어에 대한 토론. 꽃의 의미, 올라간다는 것, 내려온다는 것
- 내 안에 감춰져 있는 보석
- 다른 사람 안에 감춰져 있는 보석
- 참다움을 알아보지 못하도록 우리의 판단을 흐리게 하는 것들
- 이 시인이 지은 다른 시에 대해서

시에서 아이한테 던져볼만한 질문은 어떤 것이 있을까?

- 이 시를 읽고 어떤 단어가 떠오르니?
- 네가 이 시의 제목을 만든다면 무엇으로 하면 좋을까?
- 이 시를 읽으면 어떤 느낌이 드니?
- 올라간다는 건 무슨 뜻일까?
- 내려온다는 건 무슨 뜻이지?
- 그냥 꽃이 아니라 왜 '그 꽃'이라고 했을까?
- 이 시를 들려주고 싶은 사람은?

이 시로 자녀와 하브루타를 할 때 참고할 내용

시를 읽고 처음 질문을 할 때는 추측 질문을 하지 말고 시에 나온 단어
나 문장에서 뽑는 것이 바람직하다. 추측 질문을 하면 숨겨진 의도가 있다

고 생각할 수 있기 때문이다. 단어나 문장에서 뽑은 질문을 하고 아이가 답변을 하면 후속 질문에서는 단어나 문장에 나오지 않는 내용으로 추측 질문을 활용해도 좋다.

강의 교육 현장에서 이 시를 읽고 하브루타를 나눈 이야기들이다. 높이 올라갈수록 사람의 욕심이 커져서 주위를 둘러보지 못하기 때문에 욕심을 버리는 것이 중요하다는 것, 평소에 무심코 지나쳤던 사물들도 조금만 신경을 써서 보면 안 보였던 것들이 보이게 된다는 이야기, 그 꽃은 물러날 때를 알고 아름답게 퇴장하는 사람에게 주어지는 선물이기 때문에 욕심 부리며 살지 말자는 교훈, 숨가쁘게 올라가며 지나쳤던 것들을 숨고르며 내려오다 보면 하나씩 발견하게 된다는 작은 교훈, 인생을 살아가며 성공할 때는 보이지 않다가 실패할 때 보이는 것들은 무엇인지, 내려온다는 것은 무심코 지나친 모든 사물에 대해 나중에라도 존재의 의미와 가치를 생각해 볼 수 있는 계기가 될 수도 있다는 것, 일과 가사, 육아 등으로 소소한 일상의 작은 행복을 놓치고 있는 우리들에게 일상의 소중함에 대해 깨우침을 준다는 생각 등 아이의 수준에 맞춰 깊이있는 하브루타를 나눌 수 있을 것이다.

3 | 《너에게 묻는다》 안도현

연탄재 함부로 발로 차지 마라

너는 누구에게 한번이라도 뜨거운 사람이었느냐

이 시를 선정한 이유

너무 유명한 안도현 시인의 시다. 우리가 함부로 대하던 사소해 보이는 모든 것들에는 나름의 뜨거운 의미가 담겨져 있을 수 있다는 자각을 하게 하는 명시라고 할 수 있다. 어른들이 처음 접했을 때 심장이 '쿵'하는 느낌이 들만큼 많은 생각이 들게 했던 시다. 안도현 시인이 그랬듯 '나는 소중한 그 무엇을 위해 이렇게 헌신한 적이 있었나?' 하는 반성을 하게 된다. 아이들과 하브루타 하기에도 좋은 시가 될 것이다. 소개하는 사례는 필자가 딸과 나눈 대화인데, 처음은 잘 나가는 듯 하다가 다소 다른 방향으로 흘러간 것을 알 수 있을 것이다. 이렇게 시인의 의도와 다르게 나갈 수 있다는 것도 소개해 본다. 역시 질문의 힘!을 다시 한번 느낄 수 있다.

◆ 하브루타로 나눈 사례 ◆

- 이 시를 읽으니 어떤 생각이 드니?
- 이 세상에 소중하지 않은 건 없다?
- 그런 뜻인 것 같아? 그런 깊은 뜻이 있구나!
- 작고 보잘 것 없는 것도 가치가 있다는 뜻 같아.
- 우리 영지가 시에 담긴 깊은 뜻을 해석한 거네? 그런데 영지야, 연탄을 본 적 있니?
- 식당에서 본 적이 있어. 연탄불 삼겹살집.
- 맞다. 우리 자주 갔었구나. 엄마가 어릴 적에는 연탄이 중요한 땔감이었단다. 가끔 연탄가스가 새어나와 위험한 경우도 있었지.

그래서 연탄불 삼겹살집도 추운 겨울에도 문을 열어놓는다고 했어. 삼겹살 먹으면서 눈 오는 모습 봤었지? 갑자기 삼겹살이 먹고 싶네.

그래? 오늘 오랜만에 삼겹살 먹으러 갈까?

좋아 엄마.

그래, 그런데 영지는 우리 조상들이 연탄을 언제부터 어떤 용도로 사용했는지 아니?

음~ 옛날에 사회 시간에 배웠는데 조선시대까지는 나무를 땔감으로 사용했다가 일제강점기 때 들어왔던 것 같은데?

그래? 우리 검색해서 정확히 알아볼까?

응, 좋아 엄마. 찾아보고 삼겹살 먹으러 가자!

오케이!

이 시로 대화해 볼만한 주제는?

- 시를 읽고 난 느낌. 아주 사소한 것에서부터 묵직한 느낌까지
- 제목에 대한 생각. 제목에 등장하는 너는 누구일까?, 묻고 싶은 것이 무엇이었을까?
- 단어에 대한 토론들. 연탄, 연탄재의 의미, 너의 의미, 함부로의 의미, 뜨겁다는 것은?
- 누군가에게 열정을 다했던 경험(연예인, 선생님, 친구, 몰입했던 취미 등)
- 이 시인이 지은 다른 시에 대해서

- 이 시를 읽고 어떤 단어가 떠오르니?
- 네가 이 시의 제목을 만든다면 무엇으로 하면 좋을까?
- 이 시를 읽으면 어떤 느낌이 드니?
- 시인은 누구에게 묻고 있는걸까?
- 시인이 묻고 싶은 건 무엇일까?
- 연탄재의 의미는?
- 누군가를 함부로 대해본 경험은?
- 이 시를 들려주고 싶은 사람은?

이 시로 하브루타를 할 때 참고할 내용

짧은 시 한편을 읽더라도 하브루타를 하다보면 새롭게 알게 되는 내용들이 풍부함을 알게 된다. 시를 깊이 음미하며 이 시를 지은 지은이의 생각을 유추해 보거나 사례처럼 연탄의 유래에 대해서 알아볼 수도 있다. 시 한편을 읽고 참고서에 '정답'으로 제시되어 있는 답을 달달 암기하는 것과는 정말 큰 차이가 난다. 아이들이 하브루타를 하면서 알게 된 정보나 지식은 무작정 암기한 지식과 달리 간접경험이 되어 아이들 뇌 속 깊이 체험한 기억처럼 저장된다. 대표적인 문학 작품인 시를 읽었지만 사례처럼 전혀 다른 분야로 이야기가 확장되어 가기도 한다. 엄마의 의도가 달랐더라도 억지로 끌고가려 하지 말고 자연스럽게 원하는 이야기로 확장되어 가도록 해도 좋다. 정답을 찾으려는 것이 아니니 말이다.

강의 교육 현장에서 이 시를 읽고 하브루타를 나눈 이야기들을 소개한다.

부모님들과 나눈 하브루타에서는 연탄재로 눈사람을 만들고 놀았던 어린 시절 이야기, 눈이 왔을 때 미끄럼을 방지하기 위해 길 위에 깨서 뿌렸던 경험, 밤에 자다가 연탄을 갈기 위해 일어났던 경험, 연탄가스를 마셔서 죽을 뻔했던 경험 등 연탄과 관련 된 어린 시절 추억 이야기가 떠오를 것이다. 또한 시에 등장하는 연탄재는 누구인지, 뜨거운 사람이 된다는 것은 뭘 의미하는지, 연탄재를 발로 찬다는 의미는 무엇인지, 누구에게 뜨거운 사람이고 싶은지, 꼭 뜨거운 사람이어야 하는지 등등 시의 내용으로 충분히 하브루타를 할 수도 있을 것이다.

요즘 아이들은 연탄을 직접 본 적이 없어 연탄재를 차면 어떻게 되는지 모르니 연탄에 대해 조사해볼 수도 있고 기회가 된다면 연탄과 연탄재를 직접 보고 아직도 연탄을 땔감으로 사용하는 분들에 대한 관심, 연탄나눔, 소외된 이웃에 관한 이야기로도 확장해볼 수 있을 것이다.

4 | 《돌멩이》 채들

나 이렇게 둥글어지기까지
세상에 얼마나 많은 상처를 내었나

단 두 줄의 시로 이렇게 생각을 많이 하게 하는 시가 또 있을까? 채들 작가는 자신의 깊은 통찰력을 단 두 줄의 시로 표현한 것이다. 작가는 단 두 줄짜리 시로도 어쩌면 그렇게 우리네 삶을 잘 표현하고 있는지. 인간은 사회적 동물로 많은 관계 속에서 살아간다. 그러다 보면 의도하지 않게 또는 의도적으로 크고 작은 상처들을 서로 주고받는다. 우리는 좀 둥글어졌을까? 돌아보게 된다. 아이들과도 친구 사이의 관계 속에서 친구와 싸운 경험, 배려하지 못한 이야기, 친구에게 알게 모르게 상처 준 이야기, 엄마를 속상하게 한 이야기 등에 대해서 반성하는 시간을 가질 수도 있을 것이다.

◆ 하브루타로 나눈 사례 ◆

이 시를 읽고 나니 어떤 느낌이 들어?

둥근 돌은 남에게 상처를 안낸다.

그럼 뾰족한 돌은 남에게 상처를 내겠네?

돌이 아니라 사람 이야기인 것 같아.

그래? 왜 그렇게 생각했어?

세상에 상처를 주는 건 사람이잖아.

우리 영지의 생각이 정말 깊은걸?

뭐 이정도 쯤이야.

이 시를 쓴 분은 둥글어져서 이제 상처 안주려나?

둥근 돌도 상처는 주지.

어떻게?

날카롭게 찌르거나 긁지는 않아도 부딪쳐서 상처를 줄 수 있잖아.

그러네. 보통 싸울 때도 부딪쳤다는 표현을 많이 쓰지. 그럼 돌멩이를 쓰신 작가님은 둥글어져서 자신은 세상에 상처를 안 주고 있다고 생각하는 건가?

착각이지. 모든 사람은 의도하지 않아도 다 조금씩은 상처를 주게 돼 있잖아. 상처를 전혀 안 주는 사람은 신이지.

와! 우리 영지 철학자 같은데?

엄마는 나를 항상 너무 대단하게 봐 주는 거 같아. 고슴도치 같애.

하하 왜?

고슴도치는 자기 새끼 털이 부드럽다고 한다며? 엄마라서 내가 대단해 보이는 거라구.

하하하 그런가? 그런데 이 시를 쓰신 채들 작가님은 그래도 이런 시를 쓰실 만큼 자기성찰도 많이 하고 세상에 상처주지 않으려 많이 노력하시는 것 같은데?

뾰족한 돌보다는 상처를 많이 안 주시겠지.

우리 영지도 누군가에게 상처받거나 상처를 준 기억이 있어?

그럼, 있겠지.

영지도 둥글어지고 있는 것 같니?

난 상처는 잘 안 받으려고 노력해. 그냥 나랑 다른가보다 하는 편이라서. 다른 사람에게 상처도 안 주려고 하고. 그래도 사람은 서로 상처를 주기도 하고 받기도 하는 것 같아.
오늘은 그만 얘기하자. 배고파.

그래.

이 시로 대화해 볼만한 주제는?

- 시를 읽고 난 느낌. 아주 사소한 것에서부터 묵직한 느낌까지

- 제목에 대한 생각. 제목을 왜 돌멩이라고 했을까?

- 단어에 대한 토론. 돌멩이의 의미, 둥글어졌다는 의미, 둥근것과 네모 난 것의 차이, 사람이 세상에 주는 상처는 무엇이 있을까?

- 내가 주로 상처받는 일은?

- 다른 사람에게 상처를 준 경험

- 상처를 주거나 받지 않으려면 어떻게 해야 하나

- 이 시인이 지은 다른 시에 대해서

시에서 엄마가 아이한테 던져볼만한 질문은 어떤 것이 있을까?

- 이 시를 읽고 어떤 생각이 드니?

- 네가 이 시의 제목을 만든다면 무엇으로 하면 좋을까?

- 이 시를 읽으면 어떤 느낌이 드니?

- 제목을 왜 돌멩이라고 했을까?

- 세상에 상처를 준다는 건 무슨 뜻이지?

- 너는 주로 어떤 일로 상처를 받니?

- 엄마한테 받았던 상처는?

- 누군가에게 상처를 준적은?

- 상처를 주고받지 않으려면 어떻게 해야 할까?

- 이 시를 들려주고 싶은 사람은?

이 시로 하브루타를 할 때 참고할 내용

이 시의 주제가 사람에게 준 '상처'에 관한 것이기 때문에 이 시를 읽고 하브루타를 할 때 유의할 점은 아이가 엄마에게 받은 상처와 관련된 이야기가 주로 등장할 수 있다는 점이다. 이 때는 무엇보다 아이와 열린 마음으로 대화를 할 준비를 하고 하브루타를 하는 것이 좋다. 그리고 만약 아이가 엄마로 인해 입었던 마음의 상처가 드러난다면 감사한 마음으로 진심을 다해 사과하고 아이의 마음에 진 응어리를 풀어준다면 앞으로 부모-자녀 관계가 좋아질 수 있을 것이다.

교육 현장에서 이 시를 함께 읽고 하브루타를 나눈 이야기를 소개한다. 먼저 '까만놀이'를 해 보았다. 꼭 둥글어져야 할까, 세모나 네모로 살면 안 될까? 몇 살 정도 되면 상대방 중심의 관점을 가질 수 있을까? 나한테 상처를 받은 사람은 몇 명이나 될까? 나에게 상처를 준 사람은 지금 어떻게 살고 있을까? 등을 나누었다. 상처주면서 둥글어지는 동안 다른 사람의 상처를 돌아볼 만큼 성숙해질 수 있을 것이다. 둥글어지면 세상의 상처를 먼저 헤아릴 수 있는 마음이 생길 것이다. 둥글어졌다는 표현을 할 수 있는 건 대단한 것이다. 둥글어도 상처를 줄 수 있기 때문에 더 둥글어져야겠다. 등의 이야기를 나눌 수 있고 조금은 색다른 관점에서 '나 이렇게 둥글어지기까지 (살찌기까지) 세상에 얼마나 많은 상처를 내었나(얼마나 많은 동식물들을 먹어치웠나)!'와 같이 재미있게 패러디를 해서 큰 웃음을 줄 수도 있을 것이다.

5 | 《돌담에 속삭이는 햇발》 김영랑

돌담에 속삭이는 햇발같이

풀 아래 웃음 짓는 샘물같이

내 마음 고요히 고운 봄 길 위에

오늘 하루 하늘을 우러르고 싶다

새악시 볼에 떠오는 부끄럼같이

시의 가슴 살포시 젖는 물결같이

보드레한 에머랄드 얇게 흐르는

실비단 하늘을 바라보고 싶다

이 시를 선정한 이유

김영란 시인의 초기작으로, 시가 발표된 1930년대 일제강점기의 암울한 시대적 상황 속에서 밝고 평화로운 세계를 동경하는 마음을 순수한 시어로 표현하였다. 지상의 세계에서 천상의 세계, 곧 하늘을 동경하는 마음을 그린 대표적인 서정시이다. 잘 다듬어진 섬세한 은유 표현과 언어적 유희를 느낄 수 있는 좋은 작품이다. 아이들 교과서에 실린 시로 하브루타를 하게 되면 교과 공부에도 적용하면서 즐겁고 재미있게 느낄 것이다.

◆ 하브루타로 나눈 사례 ◆

영지야, 오늘 시는 어떤 느낌이야?

음, 간질간질한 느낌이 들어.

간질간질? 그게 무슨 느낌이지?

햇살이 내 볼을 타고 오르는 느낌? 햇살이 수줍게 웃으면서 말을 거는 느낌?

오, 우리 영지 시인이네. 영지가 시를 지으면 정말 잘 짓겠는데?

그것 봐. 우리 엄마 또 고슴도치 같애.

하하하 그런가? 영지는 김영랑 시인을 알아?

그럼, 일제 강점기 때 창씨개명을 거부했던 민족 시인이잖아. 《모란이 피기까지는》을 지으신 분.

그렇지. 《모란이 피기까지는》은 어떤 시로 기억해?

이 시는 정말 서정적인데, 이 시하고는 달리 일제 강점기에서 벗어나 우리나라가 해방되기를 간절히 기다리는 시였어.

🧑 그래, 우리 그 시도 한번 찾아볼까?

🧑 응, 여기 있네. 내가 읽어 볼게. 모란이 피기까지는, 김영랑

모란이 피기까지는/나는 아직 나의 봄을 기다리고 있을 테요/모란이 뚝뚝 떨어져버린 날/나는 비로소 봄을 여읜 설움에 잠길 테요/오월 어느 날, 그 하루 무덥던 날/떨어져 누운 꽃잎마저 시들어 버리고는/천지에 모란은 자취도 없어지고/뻗쳐 오르던 내 보람 서운케 무너졌느니/모란이 지고 말면 그뿐, 내 한 해는 다 가고 말아/삼백 예순 날 하냥 섭섭해 우웁내다/모란이 피기까지는/나는 아직 기다리고 있을 테요, 찬란한 슬픔의 봄을.

🧑 그래 옛날 이 시를 공부했던 기억이 난다.

🧑 이번엔 엄마가 느낌을 말해 봐.

🧑 우선 시인의 슬픔이 전해져서 목이 멘다. '떨어져 누운 꽃잎마저 시들어 버리고는 천지에 모란이 자취도 없어지고 뻗쳐 오르던 보람이 서운케 무너졌다'는 구절을 읽으니까 왠지 일제 강점기, 독립을 위해 몸부림치고 노력했는데, 이제는 더 이상 아무런 희망이 없어 일년 내내 목 놓아 우는 것 같아. 그래도 후렴구에 '모란이 피기까지는/나는 아직 기다리고 있을 테요, 찬란한 슬픔의 봄을' 부분을 읽으면 너무 슬픈 가운데도 언제까지나 희망의 끈을 놓지 않고 기다리겠다는 의지가 보이는 것 같아.

🧑 오, 우리 엄마 국어 잘하는데?

🧑 영지도 엄마 닮아 고슴도치 돼가는 걸?

🧑 하하하

이 시로 대화해 볼만한 주제는?

• 시를 읽고 난 느낌들. 아주 사소한 것에서부터 묵직한 느낌까지
• 제목에 대한 생각들. '돌담에 속삭이는 햇발'에서 무엇을 속삭였을까?
• 단어에 대한 토론들. 돌담의 의미, 햇발이 뜻하는 것, 하늘의 의미 등
• 이 시인이 지은 다른 시에 대해서
• 이 시가 함축하고 있는 내용
• 시인에 대해서
• 시인이 활동했던 시기에 대해서

시에서 엄마가 아이한테 던져볼만한 질문은 어떤 것이 있을까?

• 이 시를 읽고 어떤 생각이 드니?
• 네가 이 시의 제목을 만든다면 무엇으로 하면 좋을까?
• 이 시를 읽으면 어떤 느낌이 드니?
• 제목이 주는 의미가 뭘까?
• 은유적 표현과 비유적 표현을 알아볼까?
• 이 시에서 하늘이 두 번 등장하는데 특별한 의미가 있을까?
• 이 시를 들려주고 싶은 사람은?
• 이 시인이 지은 다른 시를 알고 있니?

이 시로 하브루타를 할 때 참고할 내용

사례에서 보듯 한편의 시를 함께 읽고 그 시인의 다른 시까지 찾아 읽으며 설명 하브루타를 했더니 사고가 확장되는 효과를 보았다. 짧은 시 한편이지만 지면에 다 담지 못할 만큼 정말 나눌 이야기가 풍부했다. 아이가 어리더라도 시와 관련해서 그 시대에 활동했던 시인, 소설가 등에 대해 확장해서 이야기를 나누다 보면 역사 의식까지 키울 수도 있을 것이다. 교육 현장인 독서모임에서 이 시를 읽고 나서 하브루타로 느낌을 나누었더니 "살짝살짝 비추는 햇발에 기분 좋은 눈부심이 느껴진다.", "유리구슬처럼 투명한 맑은 물을 바라보는 느낌.", "암울한 현실을 이겨내기 위한 간절한 마음이 느껴진다.", "편안함이나 존경하는 대상, 바다가 바라보는 거울 등이 상상이 되요.", "여기서 상징하는 하늘에 대해 생각해봤어요.", "실비단 하늘이나 햇발이 뜻하는게 뭘지 생각해 봤다." 등의 다양한 이야기가 쏟아졌다. 이 경험을 통해 우리는 보물을 발견하고도 그냥 지나치는 경우가 대부분이었다는 생각이 들었다. 진흙이 묻어있어서 보물인지 몰랐기 때문이다. 이제 하브루타를 통해 진흙을 벗겨내면 아름답게 빛나는 보물들을 많이 발견하게 될 것이다.

★ 하브루타 하기 좋은 시 모음 ★

1. 〈무지개〉, 정호승

2. 〈손〉, 이종문

3. 〈남으로 창을 내겠소〉, 김상용

4. 〈서시(序詩)〉, 윤동주

5. 〈국화 옆에서〉, 서정주

6. 〈내 마음은〉, 김동명

7. 〈꽃〉, 김춘수

---

* 저작권 관계로 시 전문을 싣지 못했다. 시는 인터넷, 유튜브 등에서 쉽게 찾을 수 있다.

* 좀더 자세한 정보는 네이버 ZINBOOK 하브루타 카페 '다매체 진북 하브루타 추천 콘텐츠 게시판' 참고

http://cafe.naver.com/zinbook

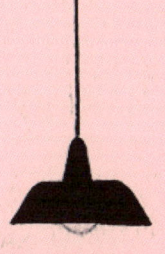

5교시
말의 효과를 높이는 노래 하브루타 수업

노래는 가사에 곡을 붙여서 부를 수 있게 만든 음악으로써,
사람의 마음과 생각을 열정적으로 표현하기 때문에 말의 효과를 높이는
역할을 한다. 노래의 양식은 사회 구조와 교육 정도, 언어, 성에 대한 관습,
종교 등 문화에 따라 다양하다. 노래는 일상에서 누구나 쉽게 접할 수 있기
때문에 하브루타 하기에 적합하다. 아이들과 하브루타를 할 때는
동요나 시에 곡을 붙인 노래로 시작하는 것이 좋고 차츰 장르를 넓혀가며
클래식까지 도전해 본다면 교육적 효과면에서도 좋다.

1단계 : 하브루타 하기 전 마음 열기
2단계 : 노래 들려주기(또는 함께 부르기)
3단계 : 노래 가사에 대한 대화와 질문 나누기

1 | 《노을》

(이동진 작사, 최현규 작곡, 이선희 노래, 1984년 제2회 MBC 창작동요제 대상)

바람이 머물다 간 들판에

모락모락 피어나는 저녁 연기

색동옷 갈아입은 가을 언덕에

빨갛게 노을이 타고 있어요

허수아비 팔 벌려 웃음짓고

초가 지붕 둥근 박 꿈꿀 때

고개숙인 논밭에 열매

노랗게 익어만 가는

가을 바람 머물다 간 들판에

모락모락 피어나는 저녁 연기

색동옷 갈아입은 가을 언덕에

붉게 물들어 타는 저녁놀

이 노래를 선정한 이유

MBC 창작 동요제는 1983년에 시작되어 2011년까지 이어졌던 우리나라 최초의 동요제로 이 동요제를 통해 훌륭한 동요 곡들이 발굴되어 어린이들의 마음을 꿈과 아름다움으로 적셔주었다. 이 곡은 제 2회 대상을 탄 곡으로 가을의 분위기를 물씬 안겨주는 서정적인 가사와 곡, 가수 이선희의 맑은 소리가 잘 어우러져 지금까지 사랑을 받고 있는 동요이다.

◆ 하브루타로 나눈 사례 ◆

🧑 이번에는 노래 하브루타를 해볼까?

👩 노래라면 내가 또 자신 있지.

🧑 기대가 큰데? 들어볼까?

👩 아, 내가 좋아하는 노래는 아니네. 건전가요?

🧑 MBC 창작 동요제에서 대상을 탄 곡인데 가사도 음미해 볼까?

👩 그림에서 본 시골 모습이 떠올라. 황금 들판에 허수아비도 서있고 하늘 빨갛게 노을이 지고 있는 모습. 그림 그리면 멋있을 것 같아.

🧑 그러게? 한 편의 시 같지? 동요는 시에 곡을 붙인 게 많지. 엄마도 서울에서 나고 자라서 잘 못 본 풍경이긴 한데, 그래도 시골에 가면 모락모락 굴뚝에 연기 나는 모습도 보곤 했지. 지붕위의 박은 엄마도 못 본 것 같아.

👩 엄마 어린 시절 동네 모습은 뭐가 떠올라?

🧑 골목에서 사방치기, 다방구, 술래잡기, 소꿉놀이, 공기, 고무줄 놀

이 하고 놀았던 모습이 생각 나.

하하하. 이름이 이상하네. 사방치기, 다방구. 다른 건 나도 해 봤어.

응 일본식 표현이 남아 있었던 것 같아. 레고나 고급 장난감 없어도 얼마나 재미있었는지 몰라. 가끔 일동에 있던 큰집에 가면 소도 있고 우물도 있고, 그때는 서울과 시골로 나뉘어서 시골 가면 '서울애기 어떻게 생겼나 보자' 하셨단다.

요새는 시골에 가면 더 멋진 집하고 카페 같은 것들이 많던데?

점점 농촌이나 어촌, 산촌이 자연 친화적으로 더 살기 좋은 곳이 되는 것 같지?

그래도 나는 도시가 좋아. 가끔 놀러가는 건 좋지만.

아빠는 시골에서 살고 싶다고 하시는데, 엄마도 도시가 좋단다.

이 노래로 대화해 볼만한 주제

- 노래를 듣고 난 느낌
- 곡에 대한 느낌
- 가사를 음미해보며 드는 생각
- 제목에 대한 생각
- 가수에 대한 이야기
- 작사가와 작곡가에 관한 이야기
- 오디션 프로그램에 대해서
- 요즘 노래와 예전 노래의 차이점

이 노래에서 엄마가 아이한테 던져볼만한 질문

- 이 음악을 들으니 어떤 느낌이 드니?
- 이 노래의 제목을 만든다면 무엇으로 하겠니?
- 이 노래를 들으면 어떤 기분이 드니?
- 가사 중에 가장 마음에 드는 부분은?
- 시청했던 오디션 프로그램 중 기억에 남는 프로그램과 가수는?
- 노래를 들으면 곡을 먼저 듣니, 아니면 가사를 음미하니?

이 노래로 하브루타를 할 때 참고할 내용

강의 교육 현장에서 아이들과 이 노래를 듣고 떠오르는 질문을 까만 놀이(까를 만드는 놀이)로 해보았더니 "어떻게 가을 언덕이 색동 옷을 갈아 입을까?", "이 음악을 만든 분은 몇 살일까?", "박은 어떤 맛일까?", "허수아비가 웃으면 얼마나 무서울까?" 등의 질문이 나왔고 그 질문으로 다양한 하브루타를 할 수 있었다. 어른들은 "초등학생 시절 할머니 집에 놀러갔던 추억이 떠오른다.", "명절 때 고향에 다녀오는 길에 배철수의 음악캠프를 들으며 시골길을 달리던 기억이 난다.", "학교 합창단에서 친구들과 함께 이 노래를 불렀던 추억이 떠올랐다.", "어린이 창작동요제를 TV로 직접 봤던 생각이 난다.", "저녁 노을은 사물을 신비롭게 보이도록 하는 힘이 있는 것 같다." 등의 생각을 하브루타로 나누었다.

2 | 《어느 산골 소년의 사랑이야기》

(예민 작사, 예민 작곡)

풀잎새 따다가 엮었어요, 예쁜 꽃송이도 넣었구요
그대 노을빛에 머리 곱게 물들면 예쁜 꽃모자 씌워 주고파

냇가에 고무신 벗어놓고 흐르는 냇물에 발 담그고
언제쯤 그 애가 징검다리를 건널까 하며 가슴은 두근 거렸죠

흐르는 냇물위에 노을이 분홍빛 물들이고
어느새 구름사이로 저녁달이 빛나고 있네

노을빛 냇물위에 예쁜 꽃모자 떠 가는데
어느 작은 산골 소년의 슬픈 사랑 얘기

이 노래를 선정한 이유

1992년에 발표된 노래로 벌써 25년이 흐른 노래이다. 세월의 변화를 느낄 만도 하건만 지금도 이 노래를 들으면 정말 풋풋하고 아름다운 사랑이야기라는 느낌이 든다. 이 노래를 듣다보면 황순원의 소나기가 떠오른다. 사랑도 인스턴트화 되어버린 요즘, 우리 아이들에게 아름다운 사랑의 설렘과 짝사랑의 가슴 아림과 같은 정서를 느껴볼 수 있기를 바라는 마음으로 선곡해 보았다.

◆ 하브루타로 나눈 사례 ◆

🧑 영지야, 이 노래 들어봤니?

👧 응, 들어봤어. 유튜브로 영상도 본 적 있고.

🧑 오 그래? 90년대 노래인데 들어봤구나. 이 노래 들으니 어떤 느낌이 들어?

👧 중학교 국어 교과서에 나오는 황순원의 '소나기'가 생각나.

🧑 와, 엄마도 그 소설이 떠오르는데. 내용 기억나니?

👧 "얘, 조약돌 좀 주워 줄래?"라는 대사가 떠올라. 소나기 때문에 소녀가 결국 죽게 됐었지? 너무 슬픈 얘기였던 것 같아.

🧑 시대가 흘러도 애틋한 사랑의 감정은 같은가봐. 엄마도 중학교 때인가 교과서에서 읽었는데 오래 여운이 남던데…. 정말 기억에 오래 남는 소설이었던 것 같아. 언니는 소나기에 나오는 소년 같은 사람 만나고 싶다고 했었지.

나는 그런 사람 별로인데. 좋아하면 좋아한다고 말을 해야지. 끙끙 앓기만 하고 결국 그대로 영영 못 만나잖아.

영지는 나중에 좋아하는 사람 생기면 먼저 고백할 수도 있어?

그건 모르겠는데 나는 속으로 끙끙거리는 건 싫어.

엄마도 답답한 거 싫어하는데, 나중에 멋진 남자친구 생기면 엄마한테도 소개시켜줘.

생기고 나면 그 때 얘기해.

시크하기는.

이 노래로 대화해 볼만한 주제

- 노래를 듣고 난 느낌
- 곡에 대한 느낌
- 가사를 음미해보며 드는 생각
- 제목에 대한 생각
- 가수에 대한 이야기
- 작사가와 작곡가에 관한 이야기
- 노래와 관련된 이야기
- 황순원의 소나기
- 요즘 노래와 예전 노래의 차이점
- 이 노래에 담긴 스토리와 관련된 이야기

- 이 음악을 들으니 어떤 느낌이 드니?
- 이 노래의 제목을 만든다면 무엇으로 하겠니?
- 이 노래를 들으면 어떤 기분이 드니?
- 가사 중에 가장 마음에 드는 부분은?
- 시청했던 오디션 프로그램 중 기억에 남는 프로그램과 가수는?
- 노래를 들으면 곡을 먼저 듣니, 아니면 가사를 음미하니?
- 노래 속에 나오는것과 비슷한 경험 있니?

이 노래로 하브루타를 할 때 참고할 내용

　시대를 관통하는 사랑에 관한 노래여서인지 아이와 대화가 술술 풀렸다. 물론 영지처럼 소설 소나기를 떠올리기도 하겠지만 강의 교육 현장에서 아이들은 "드라마에서 많이 본 이야기 같다.", "순수한 산골 소년과 세련된 도시 소녀의 모습이라 잘 안 어울린다." 등의 생각을 말하기도 했다. 노래에 담겨있는 스토리로 이야기를 나누다보면 아이들과 세대 차이를 느낄 수도 있는데 이럴땐 요즘 노래 중에 비슷한 느낌을 담은 노래가 있는지 아이가 찾아보게 하면 좋다. 어른들과 이 노래를 듣고 하브루타를 해보니 "소년의 애틋한 그리움과 슬픔이 느껴져서 가슴이 먹먹하다", "나이가 들수록 첫사랑이 그리워진다"는 말로 큰 웃음을 자아내기도 했고, "황순원 문학관에 갔을 때 직원들이 기계로 만든 소나기를 뿌려 작은 움집으로 들어갔었다", "소나기라는 소설 때문에 자신 앞에서 툴툴대는 남자애는 모두 자기를 좋아하는 것이라고 착각하게 되었다"는 이야기가 나와 박장대소를 하기도 했다. 황순원의 소나기를 모티브로 만든 부활의 〈소나기〉를 들으며 느낌이 어떻게 다른지 비교해 본다면 동요 한 곡으로도 정말 생각해 볼 거리가 수도 없이 많다는 걸 알 수 있을 것이다.

3 | 《향수》

(정지용 작사, 김희갑 작곡, 이동원/박인수 노래)

넓은 벌 동쪽 끝으로 옛 이야기 지줄대는 실개천이 휘돌아 나가고

얼룩배기 황소가 해설피 금빛 게으른 울음을 우는곳

그 곳이 차마 꿈엔들 잊힐리야

질화로에 재가 식어지면 비인 밭에 밤바람 소리 말을 달리고

엷은 졸음에 겨운 늙으신 아버지가 짚베개를 돋아 고이시는 곳

그 곳이 차마 꿈엔들 잊힐리야

흙에서 자란 내마음 파란 하늘빛이 그리워

함부로 쏜 화살을 찾으려 풀섶 이슬에 함초롬 휘적시던 곳

그 곳이 차마 꿈엔들 잊힐리야

전설 바다에 춤추는 밤물결 같은 검은 귀밑머리 날리는 어린 누이와

아무렇지도 않고 예쁠 것도 없는 사철 발 벗은 아내가

따가운 햇살을 등에 지고 이삭 줍던 곳

그 곳이 차마 꿈엔들 잊힐리야

하늘에는 성근 별 알 수도 없는 모래성으로 발을 옮기고

서리 까마귀 우지짖고 지나가는 초라한 지붕

흐릿한 불빛에 돌아앉아 도란도란거리는 곳

그 곳이 차마 꿈엔들 꿈엔들 잊힐리야

이 노래를 선정한 이유

가을이 되면 많이 들리는 대표적인 노래이다. 이 곡은 정지용 시에 김희갑이 곡을 붙인 가곡으로 가수 이동원이 이 시를 읽고 작곡가 김희갑씨에게 부탁을 해서 곡을 만들고 테너 박인수씨와 함께 부른 노래로, '가곡'하면 그리운 금강산과 함께 제일 먼저 떠오르는 노래이다. 정지용 시인은 참신한 이미지와 절제된 시어로 현대시에 기틀을 마련했다는 평가를 받는다. 향토적 정서를 형상화한 순수 서정시를 가사로 삼아 만든 곡이라 더욱 아름답게 들린다. 그만큼 이야기 거리도 풍부할 것이다.

◆ 하브루타로 나눈 사례 ◆

이 노래를 들으니 어떤 느낌이 들어?

와, 노래를 엄청 잘하네? 성악가가 부른 가요인가 봐.

맞아. 1980년대 말에 나온 노래인데 지금도 많은 사랑을 받고 있지. 성악가와 대중 가수가 함께 불렀는데 잘 어울리지? 어떻게 성악가랑 대중가수가 함께 노래를 부르게 됐을까?

노래로 통하니까 굳이 구분할 필요 없다는 생각이 들었나? 묘하게 잘 어울리는 목소리 같아.

엄마는 이동원이라는 가수를 좋아했어. 우수 넘치는 목소리가 매력이었지. 이동원이 함께 부를 가수로 박인수 테너를 선택했대.

아! 내가 검색해보니까 1980년대 초에 존 덴버라는 미국 포크 가수가 세계 3대 테너 중의 한 명인 플라시도 도밍고랑 듀엣 곡

〈Perhaps Love〉를 불러서 전 세계에 크로스오버 열풍을 불게 만들었대. 그전까지는 대중가수를 좀 수준 낮게 봤었는데 인식이 달라지는 계기가 됐대. 그래서 따라 해본건가 봐.

그런 비하인드 스토리가 있었구나. 우리 영지 이제 검색의 신인걸? 너는 아이돌 그룹 좋아하지?

나는 요샌 특별히 좋아하는 가수 없어. 좀 시시한 것 같기도 하구.

오, 그래? 한동안 엑소 좋아하더니?

난 요즘 해리포터에 나오는 웅장한 음악이 좋아. 그러고 보니 그 음악도 향수처럼 크로스오버인 것 같아.

와, 새로운 발견이네? 엄마는 클래식인줄만 알았는데?

이 노래로 대화해 볼만한 주제

- 노래를 듣고 난 느낌
- 곡에 대한 느낌
- 가사를 음미해보며 드는 생각
- 제목에 대한 생각
- 가수에 대한 이야기
- 작사가와 작곡가에 관한 이야기
- 노래와 관련된 이야기
- 이 노래가 탄생하게 된 배경
- 이 노래에 담긴 음악 장르와 관련된 이야기

이 노래에서 엄마가 아이한테 던져볼만한 질문

- 이 음악을 들으니 어떤 느낌이 드니?
- 이 노래의 제목을 만든다면 무엇으로 하겠니?
- 이 노래를 들으면 어떤 기분이 드니?
- 가사 중에 가장 마음에 드는 부분은?
- 노래를 들으면 곡을 먼저 듣니, 아니면 가사를 음미하니?
- 노래 속에 나오는 것과 비슷한 경험 있니?
- 이 노래는 어떻게 만들어지게 됐을까?
- 이 노래와 비슷한 곡은?
- 이 노래의 장르는?

이 노래로 하브루타를 할 때 참고할 내용

이 노래를 듣고 어떤 하브루타를 할 수 있을까? 음악을 듣고 하는 하브루타는 작사가, 작곡가, 그 노래가 만들어진 시대, 그 노래와 관련된 음악 장르, 그 노래의 배경이나 노래에 얽힌 사연 등등 평소에 관심 갖지 못했던 다양한 하브루타를 해 볼 수 있고 세대를 초월하는 '음악'이라는 매체의 특성상 부모와 자녀 세대의 간극을 좁히는 역할을 할 수도 있다. 강의 교육 현장에서 중고등학생인 경우에는 "작사가가 천재 시인 김지용이라는데 어떤 인물일까?", "사투리가 많이 들어가는데 작사가가 어느 지역, 어느 시대 사람일까?", "가사를 왜 이렇게 어렵게 썼을까?" 등의 질문을 했고, 어른들은 "어린 시절 고향의 모습이 떠오른다.", "아버지와 어머니의 품이 그립다.",

"사철 발벗은 아내라는 가사를 보니 왠지 내 모습과 오버랩 된다.", "대중가수와 성악가가 함께 부른 팝송 'Perhaps love(플라시도 도밍고와 존 덴버)'가 떠오른다.", "아파트 공사나 재개발로 추억 어린 장소가 없어지는 것이 너무 안타깝다.", "시골에서 펜션을 운영하다가 실패한 경험이 있어 시골이 싫어졌다.", "아름다운 시에 잘 어울리는 곡이라 쉽게 기억할 수 있다." 등의 다양한 하브루타를 나누었다.

4 | 《어디서 무엇이 되어 다시 만나랴》

(김광섭 시, 이세문 작곡, 유심초 노래)

저렇게 많은 별들 중에 별 하나가 나를 내려본다
이렇게 많은 사람 중에 그 별 하나를 쳐다본다

밤이 깊을수록 별은 밝음 속에 사라지고
나는 어둠 속으로 사라진다

이렇게 정다운 너 하나 나 하나는
어디서 무엇이 되어 다시 만나랴

너를 생각하면 문득 떠오르는 꽃 한 송이
나는 꽃잎에 숨어서 기다리리

이렇게 정다운 너 하나 나 하나는
나비와 꽃송이 되어 다시 만나자

밤이 깊을수록 별은 밝음 속에 사라지고
나는 어둠 속으로 사라진다

이렇게 정다운 너 하나 나 하나는
어디서 무엇이 되어 다시 만나랴

너를 생각하면 문득 떠오르는 꽃 한 송이
나는 꽃잎에 숨어서 기다리리

이렇게 정다운 너 하나 나 하나는
나비와 꽃송이 되어 다시 만나자

뚜루뚜루루 뚜비두와 뚜루뚜루루 뚜비두와
뚜루뚜루루 뚜비두와 뚜루뚜루루 뚜비두와아

이 노래를 선정한 이유

이 노래는 가수 유심초가 부른 노래로 유명하다. 하지만 김광섭 시인의 《저녁에》라는 시를 바탕으로 만들어진 노래이다. 시인의 시로 만든 노래라 가사가 더 아름답게 느껴진다. 언뜻 고요하고 쓸쓸한 분위기이지만 자세히 음미하면 아늑한 느낌이 든다. 가사를 꼭 음미하기 보다는 자연 속에서 느낀 시인의 마음으로 밤하늘의 별과 달을 바라보는 시선을 느끼는 것만으로도 좋을 것이다. 그 별은 자연의 별일 수도, 사랑하는 사람일 수도 있다. 다양한 해석으로 하브루타를 할 수 있을 것이다.

◆ 하브루타로 나눈 사례 ◆

- 영지야, 이 노래 들어본 적 있니?

- 아니. 처음 들어보는 노래야

- 예전 노래들도 좋은 곡이 참 많지?

- 엄마가 그런 노래만 뽑은 건지 시를 노래로 만든 곡이 많네? 그래도 난 요즘 노래가 더 좋아.

- 그렇구나. 이 노래 가사를 들어보니 어떤 느낌이 들어?

- 썸 타는 모습인 것 같아. 서로 좋아하긴 했는데 맺어지진 못한 듯?

- 하하하. 요즘 말로 썸 탄다고 하지. 마음에 드는 구절은 있니?

- 나는 후렴. 신나서.

- 엄마는 이 노래가 시로 다가왔어. 처음에 별처럼 많은 사람 중에

서 서로를 알아보고 설레는 마음을 잘 표현한 것 같아. 그런데 '밤이 깊을수록 별은 밝음 속에 사라지고, 나는 어둠 속으로 사라진다.'가 무슨 의미일까?

음… 글쎄? 시간이 지나면서 별은 자기랑 비슷한 사람을 찾아 가 버렸고, 사랑하는 사람을 잃은 주인공은 슬픔 속에 잠긴 것 같아.

우리 영지 문학소녀 같은데? 그런 깊은 뜻이?

그냥 노래를 들었을 때는 잘 못 느꼈는데 엄마가 그 구절을 읽고 질문을 하니까 그런 생각이 든 것 뿐이야.

엄마도 그런 생각이 들었거든. 그런데 두 사람이 정말 잘 맞는 커플이었나봐. 떠나 버린 사람의 마음은 어떤지 모르겠는데 주인공은 그리워하면서 기다리는 느낌이 들어 슬프다.

떠나버린 사람은 별이라고 표현할 만큼 반짝이는 예쁜 여자였고 주인공은 남자인 듯?

왜 그런 생각이 들었어?

'너를 생각하면 문득 떠오르는 꽃 한 송이.', '꽃과 나비가 되어 다시 만나자.' 그런 가사를 보니까 그런 것 같아. 엄마는 아빠 말고 첫 사랑이 있었어?

곤란한 질문인데? 나비와 꽃이 되어 다시 만나고 싶은 사람 없었어.

이 노래로 대화해 볼만한 주제

- 노래를 듣고 난 느낌
- 곡에 대한 느낌

- 가사를 음미해보며 드는 생각

- 제목에 대한 생각

- 가수에 대한 이야기

- 작사가와 작곡가에 관한 이야기

- 노래와 관련된 이야기

- 이 노래에 담긴 스토리와 관련된 이야기

- 이 노래와 관련된 음악 장르에 관한 이야기

이 노래에서 엄마가 아이한테 던져볼만한 질문

- 이 음악을 들으니 어떤 느낌이 드니?

- 이 노래의 제목을 만든다면 무엇으로 하겠니?

- 이 노래를 들으면 어떤 기분이 드니?

- 가사 중에 가장 마음에 드는 부분은?

- 노래를 들으면 곡을 먼저 듣니, 아니면 가사를 음미하니?

- 노래 속에 나오는 것과 비슷한 경험 있니?

- 이 노래는 어떻게 만들어지게 됐을까?

- 이 노래와 비슷한 곡은?

- 이 노래의 장르는?

이 노래로 하브루타를 할 때 참고할 내용

노래 하브루타를 이어나가다 보면 아이도 자연스럽게 자기가 좋아하는 곡에 대해 물어 올 때가 있을 것이다. 그럴 때 잘 모르는 요즘 노래라고 무

관심할 것이 아니라 여러 번 듣고 음미하면서 아이와 하브루타를 이어나가면 노래 좋아하는 요즘 아이들 특성상 아이도 노래 하브루타를 더욱 즐기게 될 것이다. 강의 교육 현장에서 이 노래를 듣고 하브루타 해보니 "썸 타는 노래 같아요.", "스타와 일반인의 사랑인가?", "첫 사랑을 만나고 싶어 하는 마음이 느껴진다." 등의 이야기를 했고 어른들은 "이루지 못한 사랑과 재회를 기약하는 내용 같다", "혼자만 일방적으로 짝사랑하고 있는 것 같다.", "대학 시절 첫사랑이 아련하게 떠오른다.", "서정적인 가사와 댄스 비트의 조화가 신선하게 다가오면서 헤어짐의 슬픔보다는 이를 극복하고 다시 시작하려는 의지가 느껴진다", "결혼 전에는 가사처럼 '정다운 너하나 나하나'였는데 결혼 후에는 '정답지 않은 나와 너희들'이 되고 마는 현실이 안타깝다.", "아이들이 들으면 할아버지 할머니가 듣는 노래 같은 느낌이 들 수도 있지만 신세대와 구세대가 함께 공감할 수 있는 노래라 그 자체로 의미가 있다."는 의견도 있었다.

세대를 아우르는 주제의 곡을 듣고 서로 느낌을 묻고 이야기 나누다 보면 노래 주제와 관련해서 다양한 의견을 나눌 수 있다. 편안하게 서로 느낌을 이야기 하는 것이지만 노래를 듣고 하브루타를 하면 앞서 말한대로 그 노래에 담긴 주제나 음악 장르, 노래에 얽힌 사연 등 다양한 소재로 하브루타를 해 볼 수 있어 좋다.

5 | 《바다에 누워》

(박해수 시, 김장수 작곡, 높은음자리 노래)

나 하나의 모습으로 태어나 바다에 누워

해 저문 노을을 바라다 본다

설익은 햇살에 젖은 파도는

눈물인듯 찢기워 간다

일만의 눈부심이 가라앉고

밀물의 움직임 속에

물결도 제각기 누워 잠잔다

마음은 물결처럼 흘러만 간다

저 바다에 누워 외로운 물새 될까

물살의 깊은 속을 항구는 알까

저 바다에 누워 외로운 물새 될까

딥딥딥따리

딥따리 딥띱 띠비디비딥

이 노래를 선정한 이유

이 노래는 1985년 제 9회 대학가요제 대상 수상곡이다. 필자가 한창 푸르던 그 시절, 우리에게는 대학가요제가 있었다. 최근에는 케이팝스타, 위대한 탄생, 슈퍼스타K, 팬텀씽어 등 다양한 오디션 프로그램들이 인기가 많다. 우연히 온가족이 팬텀씽어 2를 보다가 대학가요제 이야기가 나왔고 역대 대상 수상곡을 검색하다가 '저 바다에 누워 외로운 물새 될까~~ 딥딥떱떱띠 따리리리리~'하며 신나게 부르던 이 노래가 떠올라 히브루타를 하게 되었다. 요즘 오디션 프로그램과 비교해가며 듣고 이야기 나누어도 좋다.

◆ 하브루타로 나눈 사례 ◆

- 이 노래는 가사가 어려운데? 무슨 뜻인지 모르겠어. 비유적 표현이 많이 나오는 것 같아.
- 오, 비유적 표현이 많아서 뜻을 알기 어렵구나.
- 검색해 봤더니 1985년 대학가요제 대상 수상곡이라고 나오는데?
- 맞아. 인기 많았던 곡이라 엄마도 친구들하고 엄청 불렀던 생각이 나네.
- 작사를 한 박해수씨라는 분이 바닷가에 살았나봐. 노을은 졌는데 하늘에 별이 안 떠서 별들도 바다에 누워 자는 걸로 의인화 했나 보네.
- 와, 우리 영지 국어시간에 배웠던 비유법, 의인법 같은 전문용어를 실생활에 잘 활용하는 걸?

🙂 이 노래도 시 같아서 그런 거지.

👩 아무튼 시를 쓰는 분들도, 그 시를 노래로 만드는 분들도 정말 대단한 것 같아. 덕분에 오랜 세월이 지나도 사랑받는 명곡이 탄생하게 되니 말이야.

🙂 그런데 시를 쓰는 사람들은 하나같이 좀 외로운 것 같아. 속마음을 잘 표현 못하고 시로 표현하나봐. 이 노래도 '물살의 깊은 속을 항구는 알까?'하고 누군가 자기 마음을 알아주기를 바라는 것 같아서.

👩 영지가 시인의 마음을 잘 이해하는 것 같은데?

🙂 노래 하브루타도 재미있네. 새로운 노래도 듣고.

👩 그래 엄마는 노래를 듣고 영지랑 다양한 이야기를 나눌 수 있어서 정말 좋았어. 다음에는 영화를 보고나서도 이야기 나눠 보자.

🙂 응 좋아.

이 노래로 대화해 볼만한 주제

• 노래를 듣고 난 느낌들
• 곡에 대한 느낌
• 가사를 음미해보며 드는 생각
• 제목에 대한 생각
• 가수에 대한 이야기
• 작사가와 작곡가에 관한 이야기
• 오디션 프로그램에 대해서
• 요즘 노래와 예전 노래의 차이점

이 노래에서 엄마가 아이한테 던져볼만한 질문

- 이 음악을 들으니 어떤 느낌이 드니?
- 이 노래의 제목을 만든다면 무엇으로 하겠니?
- 이 노래를 들으면 어떤 기분이 드니?
- 가사 중에 가장 마음에 드는 부분은?
- 시청했던 오디션 프로그램 중 기억에 남는 프로그램과 가수는?
- 노래를 들으면 곡을 먼저 듣니, 아니면 가사를 음미하니?
- 이 가사가 표현하려는 것은 무엇일까?

이 노래로 하브루타를 할 때 참고할 내용

앞서 말한대로 처음에는 시에 곡을 붙인 동요나 가곡 등으로 시작하면 좋고 점차 확대해 나간다. 클래식도 가능하지만 되도록 처음에는 가사가 있는 노래로 시작하다가 천천히 시도해보는 것이 좋다. 노래 하브루타는 가사와 곡이 어우러져 정말 다양한 이야기와 풍부한 배경지식을 쌓는데 좋은 콘텐츠이다. 교육 현장에서 이 노래를 들려주니 아이들은 후렴이 재미있다고 계속 따라 불렀다. 까만놀이(까를 만드는 놀이)로 질문 만들기를 해보니 "바다에 어떻게 누울 수 있을까?", "물새의 생각을 적은 건가?", "가사를 왜 어렵게 썼을까?", "이 노래를 어떤 사람들이 좋아할까?", "설익은 햇살은 무엇을 말하는 걸까?" 등 다양한 질문이 나오게 됐고 질문에 따른 다양한 이야기를 나눌 수 있었다. 어른들은 "끊임없이 밀려왔다 밀려가는 파도처럼 아픔과 슬픔이 지속되고 있는 것 같다.", "물살의 속을 항구가 잘 모르듯이 사랑하는 사람의 마음을 상대방이 잘 모르고 있는 것 같다.", "초등학교 수학여행을 가는 기차 안에서 친구들과 함께 수 십 번도 넘게 목이 터져라 불렀는데, 30년이 지난 후 요즘 아이들이 들으면 어떤 반응을 보일지 궁금하다.", "짝사랑의 애달픔이 절절히 느껴지면서 '봄날에 낙조와 일렁이는 파도를 바라보며 끊임없이 갈망하는 자신의 마음(밀물)을 누가(항구) 알아줄까?'라고 혼잣말을 하는 시인의 애타는 마음이 느껴진다."등의 느낌을 나누게 되었다.

★ 하브루타 하기 좋은 노래 모음 ★

1. 독도는 우리 땅 – 정광태(박인호 작사, 박인호 작곡)
2. 〈등대지기〉, 서문탁(고은 작사, 영국 민요)
3. 〈한국을 빛낸 100명의 위인들〉, 최영준(박문영 작사, 박문영 작곡)
4. 〈뭉게 구름〉, 박혜경(이정선 작사, 이정선 작곡)
5. 〈푸르른 날〉, 송창식(서정주 시, 송창식 작곡)

* 저작권 관계로 노래 가사를 싣지 못했다. 가사나 노래는 인터넷, 유튜브 등에서 쉽게 찾을 수 있다.
* 좀더 자세한 정보는 네이버 ZINBOOK 하브루타 카페 '다매체 진북 하브루타 추천 콘텐츠 게시판' 참고
http://cafe.naver.com/zinbook

독서토론은 책을 읽고 핵심사항들에 대해
폭 넓고 깊이 있게 이해하고 표현하는 활동으로,
참여자의 독해력과 사고력, 표현력과 청취력을
높여주는 종합적인 지적 활동이다.

Part5

하브루타의 꽃

독서토론 하브루타 수업

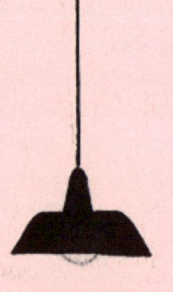

0교시
7키워드 하브루타×1:1 찬반 하브루타
=진북 하브루타 독서토론

이제껏 일상 하브루타, 다양한 매체의 콘텐츠로 하브루타를 하는 방법을
소개했다. 그러나 결국 앞서 소개한 다양한 하브루타 방법은
하브루타의 꽃인 "독서토론 하브루타"를 위한 준비 작업이라 할 수 있다.
유대인들은 '탈무드'라는 방대한 책을 가지고 하브루타를
했기 때문에 세계에서 가장 큰 영향력을 갖게 될 수 밖에 없었다.
우리가 단시일 내에 수 천 년에 걸쳐 완성된 탈무드와 같은
방대한 저작물을 갖기는 쉽지 않다. 그러나 우리는 탈무드를 대신해
인류의 보편 가치를 담고 있는 많은 책을 만날 수 있고,
탈무드 역시 그 중의 하나로 활용하면 되는 것이다.
유대인에게 하브루타가 있다면 우리에게는 한국인의 정서에 맞는
《진북 하브루타 독서토론》이 있다. 《진북 하브루타 독서토론》에서 개발한
"7키워드 하브루타"와 "1:1 찬반 하브루타"는
2007년부터 전국을 무대로 1천회 이상의 토론을 거쳐 완성하게 된 콘텐츠로
각 키워드마다 놀라운 비밀이 담겨 있다.

"7키워드 하브루타"

7키워드 하브루타는 낭독, 경험, 재미, 궁금, 중요, 메시지, 필사로 되어 있다. 7키워드를 하나씩 설명하면 다음과 같다.

낭독

눈만 활용하는 묵독과 달리 낭독을 하면 우리 몸의 기관 중 눈, 입, 귀를 활용하게 되어 심리학자들의 연구 결과 낭독만 잘해도 묵독에 비해 기억 효과가 4배 이상이며, 뇌의 세포가 70%나 활성화 된다고 한다. 더구나 역할극으로 함께 낭독을 하면 마치 라디오극을 듣는 것처럼 재미있다.

경험

책을 읽고 경험을 이야기 하는 것은 아주 큰 효과를 가져온다. 모든 책에는 다양한 경험이 녹아 있다. 작가가 직접 경험한 것일 수도 있고 간접 경험한 것일 수도 있다. 그러나 책 속의 경험과 비슷한 우리의 경험을 이야기 하면서 책 속의 내용들이 내 이야기처럼 느껴지게 되어 책과 하나가 된다.

재미 또는 감동

책 속에서 재미있는 부분(기발하거나 독특한 부분, 표현이 좋았던 부분, 우스운 부분) 또는 감동적이었던 부분을 찾는 활동으로 아이들은 재미를 추구하기 때문에 특히 좋아하는 키워드다.

궁금

7키워드의 하이라이트로 '하브루타의 시작', '질문의 시작'이라고 볼 수 있다. 책을 읽고 내용 중에 궁금했던 부분을 묻는다. 이때 작가에게 궁금했던 점, 주인공에게 묻고 싶은 것, 등장 인물에게 묻고 싶었던 것, 내용 중에 궁금했던 점, 시대 배경이나 기타 궁금한 것 등으로 질문의 범위를 넓혀주면 잊어버렸던 질문이 살아나는 것을 볼 수 있다. 궁금 키워드는 앞서 배운 세 가지 질문놀이(까만놀이, 꼬꼬질놀이, 질카놀이) 등을 활용하면 더욱 풍부한 질문이 나오고 깊이 있는 하브루타를 할 수 있다. 아이들이 궁금했던 부분에 대한 질문들은 일단 적어 놓고, 필사까지 한 후 자유토론 시간에 하나씩 풀어간다. 이때 중요한 것은 하브루타 독서토론 리더 역할을 맡은 사람은 질문에 대한 답을 말해주거나 의견을 말해서는 안 된다는 점이다. 리더 역할을 맡은 사람이 답을 말하는 순간 그 답은 '정답'이 되어버려 아이들은 더 이상 생각하지 않기 때문이다.

중요

7키워드 중에서 '궁금'과 마찬가지로 중요한 키워드다. 유대인은 물론 서양 아이들의 수업 장면을 보면 특히 많이 나오는 이야기가 "I think…(내 생각은…)"이다. 그러나 우리 아이들은 언젠가부터 질문을 잃어 버렸고, 자신의 생각도 잃어버린 지 오래다. 유대인 수업 장면을 보면 가장 많이 등장하는 단어가 선생님 입에서 나오는 "마따호쉐프?(히브리어로 너의 생각은 무엇이니?)"다. 우리는 국어시간에 보통 문학 작품 하나를 읽고 나면 제일 먼저 찾는 것이 주제(작가의 생각)였다. 그나마도 정말 작가의 생각이라 할 수 없는데도 불구하고 미리 정답을 정해놓고, 주어진 정답과 다르면 틀린 답이 되고 만다. 중요 키워드는 "마따호쉐프"다. 아이들의 입에서 유대인 아이들처럼 "저는 이렇게 생각합니다." 라는 말이 쉴 새 없이 쏟아지길 바란다.

메시지

《진북 독서토론 하브루타》에서도 작가의 메시지를 찾는다. 그러나 국어시간에 배우던 정답을 내기 위한 작가 메시지가 아니라 이 책의 작가가 우리에게 해주고 싶은 말이 무엇인지, 이 책을 통해 나에게 어떤 말을 걸어오는지 찾아보는 것이다.

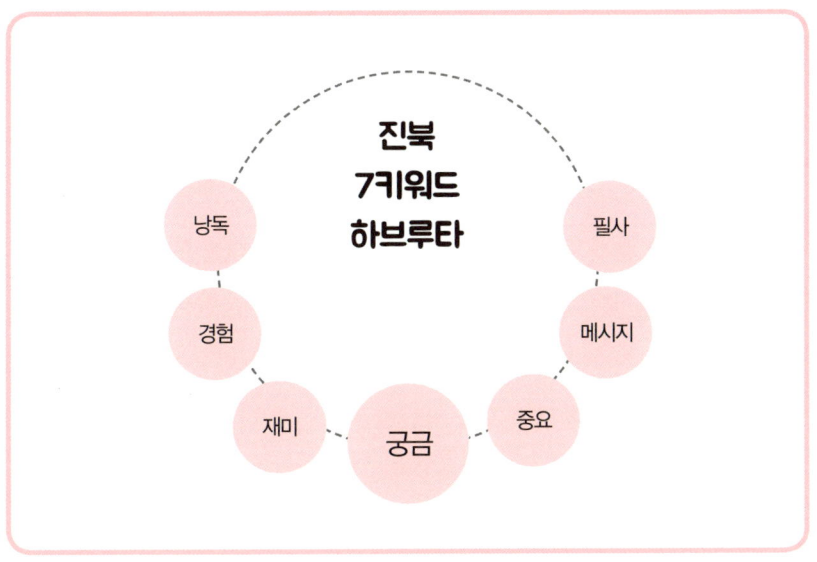

필사

손은 제2의 뇌라고 한다. 공부와 손으로 쓰는 것은 같은 것이라고 말하는 학자도 있다. 디지털 시대다보니 점차 손으로 글씨를 쓰는 일이 줄어들고 있다. 그러나 필사는 기억에도 오래 남는 학습 방법이고, 작가와 생각 패턴을 일치시킬 수 있으며, 글씨를 쓰는 동안 힐링이 되기도 하는 등 많은 장점을 갖고 있다. 필사는 단 한 문장에서 시작해서 점차 늘려 가면 좋다.

1:1 찬반 하브루타

7키워드 하브루타로 책 내용에 대해 충분히 토의토론 하고 난 후 아이들이 뽑은 '궁금'한 질문 중에 찬성과 반대, 옳고 그름으로 나뉘는 질문이 있으면 그 질문으로 1:1 찬반 토론을 한다.

하브루타는 반드시 짝이 있어야 한다. 찬반 하브루타는 의견이 나뉘는 주제로 찬성의 입장과 반대의 입장을 모두 경험해 보면서 '역지사지'가 가능하다는 것을 알게 된다. 디베이트와 다른 점은 상대를 무조건 이기려 하지 않는다는 점이다. 또한 내가 찬성의 입장이더라도 반대 입장에서 토론을 해봄으로써 자기 주장만 강하게 내세우는 폐단을 막을 수 있다. 예를 들어 대립되는 주제 중에 '가족보다 가난한 사람을 우선시 하는 것은 옳은가?'와 같은 주제가 있다면 1:1 찬반 하브루타를 하면 좋다. 한 사람은 '옳다, 가족보다는 우리보다 어렵고 굶주린 사람을 도와야 한다.', 다른 한 사람은 '아니다, 남을 돕는 것도 좋지만 가족을 먼저 챙겨야 한다'라는 입장에서 토론한다. 이때, 두 가지 주의사항이 있는데 하나는 상대편의 의견이 아무리 옳다 하더라도 내 주장을 포기해서는 안 되고, 또 한 가지는 서로 자기 의견이 옳다고 싸우는 것은 지양해야 한다는 점을 상기시켜 준다. 상대의 의견을 경청하고 존중하면서 자신의 입장을 이야기 하는 것이다.

처음에는 찬성-반대의 입장으로 토론을 하고, 반대-찬성으로 입장을 바꾸는 스위칭을 해서 다시 토론 한 후, 파트너를 바꾼다(체인징). 파트너를 바꾼 다음 다시 찬반토론, 다시 입장을 바꾸는 스위칭을 해서 하브르타를 실시한다. 그 다음 함께 토론한 네 명이 한 팀이 되어 승-승의 더 나은 문제 해결 방법은 없는지 토론한 후 A4용지 한 장에 쉬우르(정리)한다. 이런 토론 방법이 익숙해지면 정치권에서 서로 싸우며 자기 목소리를 높이는 토론 방법과는 수준이 다른 참다운 토론 문화를 몸에 익힐 수 있을 것이다.

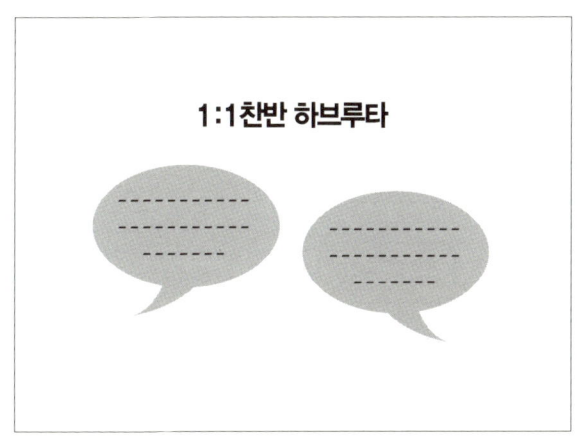

1교시
진로를 위한 독서토론 하브루타

◆ 사례 | 《나비박사 석주명》 시나리오 ◆

    자라나는 10대 청소년 아이들에게 '진로'는 인생의 목표가 되는 부분이기에 매우 중요하다. 어느 날 갑자기 부모가 아이에게 진로에 대한 이야기를 꺼내며 심각한 분위기를 연출하는 것 보다는 《진로독서 하브루타》를 통해 부모와 아이가 함께 자연스럽게 진로에 대해서 탐색해 보고 생각해 보는 시각으로 접근하는 것이 좋다. 《진로독서 하브루타》에서는 직업별로 각 분야의 훌륭한 인물에 대한 이야기를 접하고 대화를 나눈다. 인물들의 장단점과 어려운 일을 어떻게 극복했는지, 인물의 성장 과정과 성공 스토리를 통해 어떤 노력들을 했는지 알 수 있어서 아이들에게 본보기로 좋다. 특히 소개하는 인물들은 자기 자신만의 부나 성공을 위해 성공하려 했던 인물이 아니라 자신이 할 수 있는 일을 통해 세상을 좀 더 따뜻하고 살기 좋은 곳으로 만든 인물이라 의미가 크다. 그들의 삶을 통해 우리 아이들이 앞으로 어떤 삶을 살아가면 좋을지 자신의 진로와 연결되어 깊이 있게 생각해 보는 시간이 될 것이다. 보통 위인전 또는 위대한 인물 이야기 책에서 다양한 인물들을 만나 볼 수 있는데, 10대 아이들과 진로독서 하브루타를 하기에 좋은 각 직업별 대표적인 진성인물들을 소개한다.

한국의 슈바이처 장기려(의사), 궁중음식의 대가 황혜성(요리연구가), 아름다운 청년 열사 전태일(노동운동가), 여성인권 운동의 어머니 이태영(변호사), 참된 지식인 장준하(민주투사), 세계적인 춤꾼 최승희(무용가), 유한양행 설립자 유일한(기업가), 뺑쟁이에서 위대한 작가로 변신한 박완서(문학인), 마라톤 영웅 손기정(체육인), 한국의 파브르 '나비박사' 석주명(곤충학자), 천주교의 큰 별 '바보' 김수환(종교인), 현대음악의 거장 윤이상(음악가), 건축계의 대들보 김수근(건축가), 한국 근대미술의 거장 이중섭(화가), 노벨상 메이커 이휘소(물리학자), 진리의 횃불 성철스님(종교인) 등

* 소개한 책은 구입하거나 도서관 등에서 미리 대출하여 아이와 부모가 같은 책을 각각 읽도록 한다. 만일 한 권의 책을 모두 읽기 힘든 경우라면 필자가 집필한 『진로독서를 위한 10분 책읽기 : 진성리더 인물편』 시리즈를 이용해도 좋다. 이 책은 주제에 대해 다양한 생각을 해볼 수 있는 즉, 하브루타하기 좋은 전문 텍스트로 기획되었다.

이 중에서 한국의 파브르 「나비박사 석주명 」(곤충학자)' 이야기로 자녀와 《진로독서 하브루타 독서토론》을 할 수 있는 사례를 소개한다.

⟨1단계 : 마음 열기⟩

먼저 하브루타를 하기 위해 준비운동으로 마음 열기를 한다. PART2와 PART3에서 소개한 내용 중에서 한 두개를 선별하여 분위기를 돋운다. 진로, 독서, 토론, 나비, 곤충학자 등과 관련된 재미있는 넌센스 퀴즈를 풀어도 좋다.

이어서 아이의 성격과 적성, 흥미 유형 등을 알 수 있는 간단한 테스트를 게임하듯이 해본다. 성격, 적성, 흥미유형을 알아볼 수 있는 다양한 앱이 나와 있어 무료로 검사를 해볼 수 있다. 자신의 유형을 알고 나서 자신의 유형에 맞는 직업군을 알아볼 수도 있다. 테스트는 초등학교 고학년 이상에게만 권한다. 그리고 나서 유튜브에서 오늘의 인물인 '나비박사 석주명'과 관련 된 짧은 동영상을 찾아보고 생각을 나눈다. 동영상은 유튜브에서 '석주명'으로 검색하면 리스트가 뜨는데, 그 중에서 EBS 지식채널e '나비에 미치다' 5분 동영상이 적당하다.

⟨2단계 : 텍스트 낭독하기⟩

이제 곤충학자 석주명의 책에서 미리 발췌한 일부 글을 10분 정도 읽는다. 묵독을 하기 보다는 일정 부분씩 분량을 나눠서 소리 내어 낭독하는 것이 좋은데, 가족끼리 역할을 나눠서 주연 석주명, 조연 오카지마 선생님, 해

설 등을 성우들이 라디오극을 하듯이 목소리만으로 연기를 하는 역할극을 하면 더욱 재미있다. 역할극을 하고 나서 느낌이 어땠는지 돌아가며 이야기를 나눈다.

〈3단계 : 독서토론 하브루타하기〉

책의 일부분을 읽고 나면 본격적으로 독서토론 하브루타를 시작한다. 독서토론은 '7키워드를 활용한 토의식 토론'과 '1:1 찬반 하브루타'를 하고 나서 진로와 직업 관련 몇 가지 질문에 대해 이야기를 나누고 관련 활동을 하는 방식으로 진행된다.

여기에서 소개하는 《진북 하브루타 독서토론》은 세가지 독서토론 규칙이 있다. 첫째, 책을 읽은 사람만 토론에 참여할 수 있다. 둘째, 책의 내용에 관해서만 얘기할 수 있다. 셋째, 경청을 위해 독서토론 전용 도구인 '토킹스틱'을 사용한다. 토킹스틱은 인디언들이 부족회의를 할 때 지팡이처럼 들고 있던 것인데, 지팡이를 가진 사람만 얘기할 수 있고 다른 사람은 질문하거나 끼어들거나 참견하지 않고 주의 깊게 경청해야 한다는 규칙이 적용되는 도구다. 주변에서 쉽게 구할 수 있는 예쁜 펜이나 지우개, 자, 필통, 카드 등 문구류로 대신하면 된다.

① 7가지 키워드로 토의식 토론하기

'7키워드를 활용한 토의식 토론'은 낭독, 경험, 재미, 궁금, 중요, 메시지, 필사 순서로 진행하면 된다. **'낭독'**은 함께 소리 내어 책을 읽으면서 했고, **'경험'**은 석주명처럼 곤충채집을 해 본 경험이 있었는지 이야기한다. 만약 없다면 무언가에 몰입해서 다른 일을 까맣게 잊어버렸던 경험도 좋다. 책의 주인공과 비슷한 경험에 대해 자유롭게 이야기 하면 된다. **'재미'**는 책을 읽으면서 가장 재미있었던 부분에 대해 이야기를 나눈다. **'궁금'**은 텍스트에서 궁금하다고 생각했던 부분에 대해 질문하고 답변한다. **'중요'**는 주관적으로 중요하다고 생각하는 부분에 대해 이야기를 나누는 순서다. **'메시지'**는 객관적으로 다른 사람들도 중요하다고 생각하는 부분이나 작가가 글을 통해 전달하고자 하는 것이 무엇인지에 대해 이야기를 나눈다. **'필사'**는 베껴 쓰고 싶은 문장이나 대사를 여백에 옮겨 적은 후에 '내용, 이유, 느낌' 3가지에 대해 이야기를 나눈다. 즉, 어떤 부분을 필사했는지 읽고, 왜 필사했는지 이유를 말하고, 필사하고 나니 어떤 느낌이 드는지 말한다. 7키워드를 모두 진행하고 나면 텍스트의 핵심 질문인 "석주명은 왜 '한국의 파브르'이자 '나비 박사'로 불릴까요?"에 대해 이야기를 나누고, 자유토론을 이어 나간다.

② 1:1 찬반 하브루타 하기

이어서 '1:1 찬반 하브루타'를 진행한다. '1:1 찬반 하브루타'는 1:1로 둘이 짝을 지어서 찬성과 반대 입장을 오가면서 토론하는 방식이다. 네 명의 가족이 함께 한다면 좋고, 엄마와 아이 둘만 있어도 가능하다. 먼저 둘씩 짝이 되어 찬성과 반대로 나누어서 찬반 토론을 하고, 반대와 찬성을 바꾸어서 '스위칭'을 한 후에 반찬 토론을 하며, 짝을 바꾸는 '체인징'을 한 후에 찬성과 반대로 나누어서 찬반 토론을 하고, 다시 반대와 찬성을 바꾸는 '스위칭'을 한 후에 반찬 토론을 한다. 찬반, 반찬(스위칭), (파트너 체인징 후) 찬반, 반찬(스위칭) 등 4번의 찬반 토론을 한 후에 다함께 창의적인 문제해결 방법에 대해 이야기를 나누고 소감 나누기로 마무리를 하면 된다.

석주명 인물 책의 찬반 토론 주제는 "자신의 일에 미쳐서 가족을 제대로 돌보지 않는 것은 옳은가?"로 하면 좋다. 옳다고 생각하면 찬성, 옳지 않다고 생각하면 반대 입장에서 시작한다. 입장이 다르다면 바로 시작하면 되고, 입장이 같다면 잠시 후에 반대 입장에 서보기 때문에 가위, 바위, 보를 하거나 한 사람이 양보해서 찬반 입장을 나누면 된다. 이때 유의사항이 두 가지 있다.

첫째, 싸우거나 자기 의견이 옳다고 우기지 않는다. 차분한 목소리로 화내지 말고 상대방을 논리적으로 설득해야 한다. 둘째, 상대방의 논리가 아무리 훌륭하더라도 '아, 네, 저도 그렇게 생각해요'라고 100 퍼센트 긍정을 하면 안 된다. 상대방의 의견에 공감은 하더라도 반박 거리를 찾아서 되받아쳐야만 핑퐁 게임을 하듯이 하브루타를 계속 이어나갈 수 있다.

③ 인물에 대한 이야기와 주제에 맞는 아이 진로 탐색

'1:1 찬반 하브루타'를 하고 나서 시간이 허락되고 아이들이 흥미를 느낀다면 진로와 직업 관련 몇 가지 질문에 대해 이야기를 나눈다. 이때 시간의 여유가 있으면 유튜브에서 '석주명'으로 동영상을 검색해서 '헬로우키즈 한국의 위인 시리즈 석주명편' 10분 동영상을 보면서 잠깐 휴식도 취하고 머리도 식히면서 분위기를 바꾸면 더욱 좋다. 석주명의 성격유형과 흥미유형, 적성유형은 분류표에서 어느 유형인지 살펴보면서 아이들과 자연스럽게 자신의 진로를 탐색하는 시간을 가진다. 이후에 석주명에 대한 다양한 하브루타 질문을 이어간다.

첫째, 석주명이 우리에게 가르쳐준 사명(이 세상에 다녀간 삶의 이유)은 무엇인지 생각해 본다. 둘째, 석주명은 젊었을 때 어떤 계기로 이와 같은 사명을 갖게 되었는지 생각해 본다. 셋째, 석주명은 사명을 믿음으로 바꾸는 과정에서 어떤 고난을 극복했는지 생각해 본다. 넷째, 석주명이 이런 삶을 완성하는 데 가장 도움을 준 사람들은 누구인지 생각해 본다. 다섯째, 석주명의 삶을 통해서 자신의 진성을 설계하기 위해 배워야 할 점은 무엇인지 생각해 본다. 여섯째, 곤충학자는 어떤 일을 하는 사람이고, 곤충학자가 되려면 어떤 것들이 필요한지 생각해 본다.

〈4단계 : 독후활동, 느낀점 나누기, 마무리〉

가정에서 진로독서를 제대로 해본다면 독후 활동을 포함시키는 것이 좋다. 석주명은 곤충학자이므로 '곤충도감 만들기'를 해봐도 좋다. 곤충도감은 인터넷에서 곤충 사진을 프린트해 오린 후 도화지에 핀으로 고정시키고 곤충의 특징을 찾아 붙이면서 완성하면 된다. 자기가 만든 곤충도감을 가족들 앞에서 발표한 후에 돌아가면서 오늘 진로독서를 통해 느낀 점을 나눈다. 한 편의 진로독서를 마무리 하고 나서 함께 간식을 먹으면서 유튜브에 있는 YTN 사이언스 위대한 과학기술인 시리즈 석주명편 1분 동영상을 보면 감동적인 마무리를 할 수 있다.

유쌤의 한마디

조금 더 시간의 여유가 있고, 아이들이 수집하는 것에 관심이 있다면 '자신만의 도감 만들기'를 해보도록 알려주는 것도 좋다. 식물도감, 동물도감, 한약재도감, 의류도감, 음식도감 등 각자 자신의 관심 분야를 정해서 만들고 싶은 도감에 들어갈 내용을 조사해서 완성하면 된다. 이때 '사각 주머니 책' 만드는 방법을 미리 알려주면 더욱 재미있게 활동을 할 수 있을 것이다. '사각 주머니 책'은 한 면에 사진이나 그림을 붙이고, 나머지 면은 관련 내용을 정리해서 적을 수 있는 북아트 방법으로, 마름모의 모서리를 둥글게 잘라서 이어 붙이면 '하트 주머니 책'으로 만들 수도 있다. 사각 주머니 책 만들기는 인터넷 등을 참고하면 된다.

2교시
인성을 위한 독서토론 하브루타

◆ 사례 | 《가난한 사람들》 시나리오 ◆

인성교육의 주체는 가정이다. 대가족이 보편적이었던 시절에는 가정에서 부모가 조부모를 공경하는 모습을 통해 효를 배웠고, 형제자매간의 관계를 통해 배려와 협동, 나눔과 갈등조절 등을 배웠다. 그러나 핵가족이 보편화 되고 그나마 가족 구성원들 모두가 바쁘다보니 얼굴을 마주하며 가정에서 인성교육을 하기 어렵다. 그 결과로 인성교육을 따로 배워야 하는 현실이 되었고, 2015년 7월 인성교육진흥법이 발효되기에 이르렀다. 평소 인성교육은 머리로 아는 지식교육으로 해서는 안 된다는 지론을 갖고 있다. 책을 통한 인성교육은 책 속 인물과 사건, 스토리 전개 과정 등을 통해 자연스럽게 가슴으로 느낄 수 있어 매우 바람직하다. 자녀들과 한 편의 스토리를 읽고 독서토론 하브루타를 하면 자연스럽게 정직, 성실, 책임, 자율, 절제, 긍정, 배려, 공감, 소통, 나눔 등의 인성덕목을 내면화하게 될 것이다. 자녀들과 한 편의 문학작품을 읽고 독서토론 하브루타를 하면서 인성교육을 할 수 있는 대표적인 인성독서 작품들을 소개한다.

인정(가난한 사람들/빅토르 위고), 자존감(코/아쿠타가와 류노스케), 희생(황금 뇌를 가진 사나이/알퐁스 도데), 겸손(별 아이/오스카 와일드), 순정(의자 고치는 여인/기드 모파상), 당황(토버모리/사키), 소중함(세 가지 의문/레프 톨스토이), 집착(귀여운 여인/안톤 체호프), 동정(살아 있는 송장/이반 투르게네프), 행복(행복/기드 모파상), 배려(크리스마스 선물/오 헨리), 용서(아기 도련님/라빈드라나트 타고르), 박애(사람은 무엇으로 사는가/레프 톨스토이), 영혼(어부와 영혼/오스카 와일드), 후회(후회/기드 모파상), 죽음(삶이냐 죽음이냐/라빈드라나트 타고르) 등

* 소개한 책은 구입하거나 도서관 등에서 미리 대출하여 아이와 부모가 같은 책을 각각 읽도록 한다. 만일 한 권의 책을 모두 읽기 힘든 경우라면 필자가 집필한 『독서토론을 위한 세계문학 읽기』 시리즈를 이용해도 좋다. 이 책은 주제에 대해 다양한 생각을 해볼 수 있는 즉, 하브루타 하기 좋은 전문 텍스트로 기획되었다.

이 중에서 '인정'을 주제로 한 빅토르 위고의 「가난한 사람들」 이야기로 아이들과 《인성독서 독서토론 하브루타》를 할 수 있는 사례를 소개한다.

〈1단계 : 마음열기〉

먼저 하브루타를 하기 위해 준비 운동으로 마음 열기를 한다. PART2, PART3에서 소개한 한 두 개를 선별하여 게임을 해보며 분위기를 돋운다. 인성, 독서, 토론, 인정, 기부, 연민 등과 관련된 넌센스 퀴즈를 풀어봐도 좋다. 넌센스 퀴즈는 재미있게 풀 수 있는 쉽고 유머러스 한 내용이면 더욱 좋다.

버츄(Virtue) 프로그램

인성독서는 미덕의 언어 '버츄(Virtue)' 프로그램을 함께 활용하면 좋다. 버츄는 우리 내면 속에 있는 미덕(보석)을 갈고 닦아 우리가 모두 '꽃보다 아름다운 사람'이 되도록 서로 도움으로써, 세계 모든 문화권에 속하는 사람들의 윤리적, 정신적 성장을 돕는 것을 목적으로 하는 인성개발 프로그램이다.

버츄가 지향하는 미덕에는 52가지가 있는데, 감사, 배려, 유연성, 창의성, 결의, 봉사, 이상 품기, 책임감, 겸손, 사랑, 이해, 청결, 관용, 사려, 인내, 초연, 근면, 상냥함, 인정, 충직, 기뻐함, 소신, 자율, 친절, 기지, 신뢰, 절도, 탁월함, 끈기, 신용, 정돈, 평온함, 너그러움, 열정, 정의로움, 한결같음, 도움, 예의, 정직, 헌신, 명예, 용기, 존중, 협동, 목적의식, 용서, 중용, 화합, 믿음직함, 우의, 진실함, 확신 등이다.

52가지의 단어 중에서 자신이 가장 좋아하거나 자신의 이미지와 비슷하다고 생각하는 단어를 하나 고른 후에 오늘 그 단어를 선택한 이유를 함께 말한다. 재미있게 진행하려면 선택한 단어를 몸으로 표현하는 '버츄 마임'을 활용하면 더욱 효과적이다.

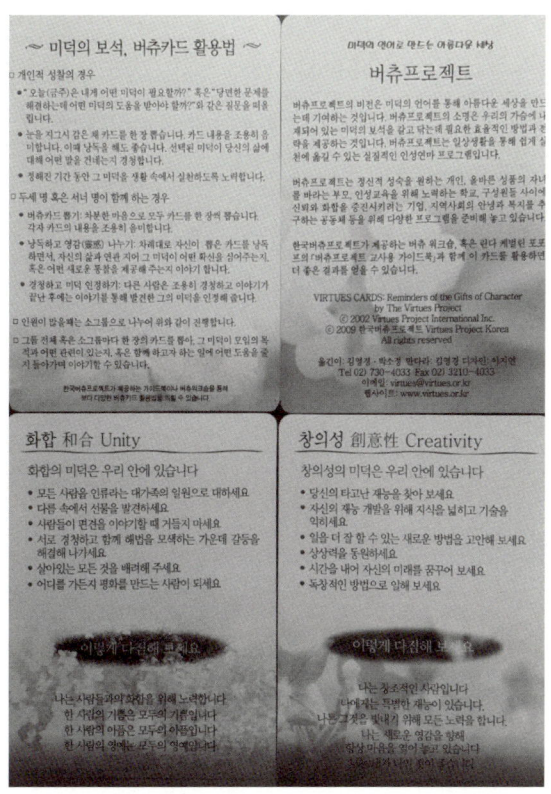

* 버츄 카드는 한국버츄프로젝트(Virtues.co.kr)나 인터넷 쇼핑몰 등에서 쉽게 구할 수 있다.

이어서 52가지의 단어 중에서 오늘의 주제에 해당하는 '인정' 카드를 자세히 살펴본다. 카드 앞장에는 이런 내용이 담겨있다. "인정이 있다는 것은 누군가 상처를 입었거나 어려움에 처했을 때, 설사 모르는 사람이라도 그의 아픔과 어려움을 이해하여 따뜻하게 마음을 쓰는 것입니다. 비록 하소연을 들어주거나, 다정한 말 한마디 밖에 해 줄 수 없다 해도 그를 도와주고 싶어 하는 마음입니다. 인정이 많은 사람은 다른 사람의 실수를 용서해 줍니다. 누군가 친구를 필요로 할 때는 그의 친구가 되어줍니다."

카드 뒷장에는 이런 내용이 담겨있다. "인정(人情, Compassion)의 미덕은 우리 안에 있습니다. 누가 상처를 입었는지, 혹은 누가 친구를 필요로 하는지 주위를 둘러보세요. 그들의 심정이 어떨지 상상해 보세요. 그들에게 차분한 관심을 보여 주세요. 그들의 심정이 어떤지 묻고, 참을성 있게 이야기를 들어주세요. 다른 사람이 실수를 저질렀을 때, 용서해 주세요. 도움을 필요로 하는 사람이나 동물을 도와 주세요. 이렇게 다짐해 보세요. 나는 인정이 많은 사람입니다. 나는 누가 상처를 받았는지, 또 누가 나의 도움을 필요로 하는지 주위를 세심히 살핍니다. 나는 사람들에 대한 나의 관심을 신중하게 표현합니다."

그리고 나서 오늘의 주제인 '인정'과 관련된 짧은 동영상을 찾아 보고 느낌이 어떤지 이야기를 나눈다. 동영상은 유튜브에서 검색해서 정(情)을 주제로 시리즈로 방영되었던 초코파이 CF 중에서(1978년~) 마음에 드는 것으로 몇 개 골라서 보여주면 좋다.

〈2단계 : 텍스트 낭독하기〉

이후의 과정은 앞에 설명한 진로독서토론 하브루타 방법과 비슷하다. 「가난한 사람들」 일부 글을 10분 정도 낭독을 하면서 역할극을 한다. 역할극을 하고 나서 느낌이 어땠는지 돌아가면서 이야기를 나누고 독서토론으로 들어간다.

〈3단계 : 독서토론 하브루타하기〉

독서토론은 '7키워드를 활용한 토의식 토론'과 '1:1 찬반 하브루타'를 하고나서 인성과 관련된 활동을 하는 방식으로 하면 된다. 먼저 독서토론 규칙 세 가지를 다시 한 번 확인하고, 토킹스틱을 정한다.

① 7가지 키워드로 토의식 토론하기

'7키워드를 활용한 토의식 토론'은 낭독, 경험, 재미, 궁금, 중요, 메시지, 필사 순서로 진행하면 된다. '낭독'은 함께 소리내어 책을 읽거나 역할극으로 한다. '경험'은 쟌니처럼 다른 사람에게 긍휼감을 느끼고 도움을 준 적이 있었는지 이야기 나눈다. 글을 읽으면서 가장 '재미'있었던 부분에 대해 이야기를 나누고, 글에서 '궁금'하다고 생각했던 부분에 대해 질문하고 답변하며, 주관적으로 '중요'하다고 생각하는 부분에 대해 이야기를 나누고, 객관적으로 다른 사람들도 중요하다고 생각하는 부분이나 작가가 글을 통해 전달하고자 하는 '메시지'에 대해 이야기를 나누며, 베껴쓰고 싶은 문장이나 대사를 여백에 '필사'한 후에 '내용, 이유, 느낌' 3가지에 대해 이야기를 나눈다. 7키워드를 모두 진행하고 나면 텍스트의 핵심 질문인 "왜 부부는 죽은 이의 두 아이를 집으로 데려왔을까요?"에 대해 이야기를 나누고, 자유토론을 이어 나간다.

② 1:1 찬반 하브루타 하기

이어서 '1:1 찬반 하브루타'를 진행한다. "자신의 생계가 어려운데 아이를 입양하는 것은 옳은가?"를 주제로 1:1로 짝을 짓는다. 먼저 찬성과 반대로 나누어서 찬반 토론을 하고, 반대와 찬성을 바꾸어서 반찬 토론을 하며 (스위칭), 다른 사람과 짝이 되어 찬반 토론을 하고(체인징), 다시 입장을 바꿔 반찬 토론을 한다(스위칭), 찬반, 반찬(스위칭), (파트너 체인징 한 후)찬반, 반찬(스위칭) 등 4번의 찬반 토론을 한 후에 함께 창의적인 문제해결 방법에 대해 이야기를 나누고 소감 나누기로 마무리를 하면 된다. 처음에는 복잡하게 느껴질지 모르지만 7키워드와 1:1 찬반 주제만 있으면 언제 어디서나 쉽게 독서토론 하브루타를 이어갈 수 있다.

〈4단계 : 독후활동, 느낀점 나누기, 마무리〉

인성독서 독서토론 하브루타를 마치고 나서 시간 여유가 있고 아이들이 원하면 독후 활동을 해보는 것이 좋다. 독후 활동을 통해 책에서 느꼈던 내용을 내면화하게 되기 때문이다. 이번 텍스트는 '인정'이 주제이므로 '불우 이웃 돕기 포스터 만들기' 같은 것을 해봐도 좋다. 가족끼리 머리를 맞대고 하나의 포스터로 완성해도 좋다. 포스터는 어떤 대상을 도울지 정한 후에 간단하면서도 주제가 명확한 표어를 추가해서 완성하면 된다. 다 만들고 나면 돌아가며 표어를 낭송 한 후에 벽에 붙여두고 실천을 다짐해본다. 인성독서토론 하브루타를 모두 마치고 나면 '소감 나누기'로 느낀 점을 말하는 것이 좋다. 소감으로 마무리를 하면 가족끼리 했던 독서토론과 독후 활동에 스스로 의미부여를 하게 되어 다음에 또 하고 싶은 마음을 이끌어내게 된다. 활동까지 하고 나서 간식을 먹으면서 유튜브에 있는 '보이는 기부, 행동하는 기부'나 '당신을 웃음 짓게 만들 영상(컴패션)'을 보면 감동적인 마무리를 할 수 있다.

3교시
교과와 연계한 독서토론 하브루타

◆ 사례 |「사람에게는 얼마나 많은 땅이 필요한가」시나리오 ◆

    모든 지식은 연결되어 있다. 그런데 같은 책이라 해도 '교과서=공부'라는 등식이 성립하기 때문에 아이들은 교과서 읽기를 좋아하지 않는다. 문학책이나 비문학 책 중에서 아이들이 흥미를 느낄 수 있는 쉽고 재미있는 책으로 교과독서 하브루타하는 방법을 소개한다. 유대인 부모들은 특히 이부분에 강점을 보인다. 평소 아이들의 교과서 내용에 관심을 갖고 '어떻게 가르칠까?'를 고민하기보다 자녀가 그 단원에서 말하고자 하는 '핵심원리를 어떻게 스스로 깨우치게 할까?'에 초점을 맞춘다. 교과 내용에 관심을 갖고 있는 부모라면 평소 읽는 동화나 그림책, 이야기 책 등을 읽으면서 교과와 관련된 내용을 연결 지어 하브루타를 하면 좋다. 교과 내용을 잘 모르더라도 일반적인 지식(수, 계산, 보편원리 등)에 관련 된 내용들은 얼마든지 하브루타로 지식의 깊이를 더해 줄 수 있고, 문학과 비문학 작품들을 통해 본격적인 교과목 수업을 하기 전에 어떻게 교과에 대한 관심과 흥미를 불러 일으킬 수 있는지 아이디어를 얻을 수 있다. 자녀들과 한 편의 문학 작품을 읽고 독서토론 하브루타를 하면서 교과공부에 도움을 줄 수 있는 대표적인 교과독서 작품을 소개한다.

> 신뢰(노끈 한 오라기/기드 모파상), 우정(헌신적인 친구/오스카 와일드), 인성(큰 바위 얼굴/너새니얼 호손), 가치(사람에게는 얼마나 많은 땅이 필요한가/레프 톨스토이), 가족(쥘르 삼촌/기드 모파상), 헌신(행복한 왕자/오스카 와일드), 사랑(별/알퐁스 도데), 자연(우리는 결국 모두 형제들이다/시애틀 추장의 연설문), 허영(목걸이/기드 모파상), 희망(눈먼 종달새/루이자 메이 올컷), 배움(무엇을 배웠는가/요한 루돌프 비스), 판단(20년 후/오 헨리), 반려(피에로/기드 모파상), 외모(당신이 찾는 것/프랑스 우화), 장인정신(최상품/존 골즈워디), 동경(환상을 좇는 여인/토마스 하디) 등

* 소개한 책은 구입하거나 도서관 등에서 미리 대출하여 아이와 부모가 같은 책을 각각 읽도록 한다. 만일 한 권의 책을 모두 읽기 힘든 경우라면 필자가 집필한 『독서토론을 위한 10분 책읽기』 시리즈를 이용해도 좋다. 이 책은 주제에 대해 다양한 생각을 해볼 수 있는 즉, 하브루타하기 좋은 전문 텍스트로 기획되었다.

이 중에서 '가치'를 주제로 한 레프 톨스토이의 「사람에게는 얼마나 많은 땅이 필요한가」 책으로 중학생 아이의 교과독서(수학)를 지도하는 사례를 소개한다.

⟨1단계 : 마음 열기⟩

하브루타를 하기 위한 준비로 PART2, PART3에서 소개한 게임을 한 두 개를 해보면서 분위기를 돋운다. 앞서 소개한 간단한 넌센스퀴즈 같은 것을 준비하면 마음열기에 도움이 된다. 예를 들면 먼저 수학을 주제로 게임과 스토리텔링을 한다. 아이들이 좋아하는 아이돌 그룹의 인원수를 덧셈과 뺄셈으로 알아보면 무척 재미있어 한다. "인피니트+방탄소년단+블락비는?", "7+7+7이므로 '21'이다." 이어서 숫자와 기호 관련 퀴즈를 풀어본다. 3장의 숫자 카드를 활용해 43으로 나누어 떨어지는 백단위 숫자를 만들어 보기, 규칙의 원리를 바탕으로 빈칸에 들어갈 숫자나 기호 맞추기, 콜라병의 부피를 구하는 5가지 방법 생각해보기, 도형의 원리를 바탕으로 그림을 2~4 등분 하기, 4개의 직선으로 원을 분할하면 최대 몇 개의 부분으로 나눌 수 있을지 알아보기 등이 좋은 예다. 한번에 다 하지 말고 잠깐 쉬고 난 후 주의집중을 요할 때도 활용하면 좋다.

그리고 나서 오늘의 주제인 '수학'과 관련된 짧은 동영상을 보고 느낌이 어떤지 이야기를 나눈다. 동영상은 〈지붕 뚫고 하이킥〉 시트콤 중에서 수학의 개념이 이해되지 않아서 겪게 되는 에피소드를 보여주면 좋다. 오래된 프로그램이지만 좋은 내용이 많아 교과독서에 활용하기 좋다.

〈2단계 : 텍스트 낭독하기〉

이후의 과정은 진로독서, 인성독서 프로그램과 비슷하다. 사람에게는 얼마나 많은 땅이 필요한가' 일부 발췌글을 10분 정도 낭독을 하면서 역할극을 한다. 역할극을 하고 나서 느낌이 어땠는지 돌아가면서 이야기를 나누고 독서토론으로 들어간다.

〈3단계 : 독서토론 하브루타하기〉

독서토론은 '7키워드를 활용한 토의식 토론'과 '1:1 찬반 하브루타'를 하고나서 수학과 관련된 활동을 하는 방식으로 진행된다. 먼저 독서토론 규칙 세 가지를 다시 한 번 확인하고, 토킹스틱을 정한다.

① 7가지 키워드로 토의식 토론하기

'7키워드를 활용한 토의식 토론'은 낭독, 경험, 재미, 궁금, 중요, 메시지, 필사 순서로 진행하면 된다. '낭독'은 함께 소리내어 책을 읽으면서 했다. '경험'은 빠홈처럼 계속 욕심을 냈던 경험이 있었는지 이야기 한다. 이어서 '재미'있었던 부분, '궁금'했던 부분, '중요'하다고 생각하는 부분, 작가의 '메시지'에 대해 이야기를 나누며, '필사'를 하고 내용과 이유, 느낌에 대해 이야기를 나눈다. 7키워드를 모두 진행하고 나면 텍스트의 핵심 질문인 "빠홈은 왜 죽을 때까지 걸었을까요?"에 대해 이야기를 나누고, 자유토론을 이어나간다.

② 1:1 찬반 하브루타 하기

이어서 '1:1 찬반 하브루타'를 진행한다. "죽을 수도 있는 위험한 일에 욕심을 부리면서 도전하는 것은 옳은가?"를 주제로 1:1로 짝을 지어 찬반 하브루타를 진행한다. 먼저 찬반 토론을 하고, 스위칭으로 반찬 토론을 하며, 체인징으로 다른 사람과 찬반 토론을 하고, 스위칭으로 반찬 토론을 한다. 4번의 찬반 토론을 한 후에 창의적인 문제해결 방법에 대해 이야기를 나누고 소감 나누기로 마무리를 하면 된다.

〈4단계 : 독후활동, 느낀점 나누기, 마무리〉

교과독서는 교과 연계 활동을 포함시키면 좋다. '수학'이 주제이므로 텍스트 내용 중에서 수학과 연계할 수 있는 부분을 정해서 다양한 활동을 해본다. 「사람에게는 얼마나 많은 땅이 필요한가」에는 부동산 거래를 하는 장면이 나온다.

마을에 한 여지주가 살았는데, 그녀에게는 약간의 땅과 머슴들이 있었다. 갖고 있는 땅은 120제사찌나(약 1헥타르, 3천평)였는데, 1만 루블에 팔려고 내 놓았다. 빠홈은 아내와 상의해 10제사찌나 정도의 땅을 사기로 마음 먹었다. 부부는 어떻게 땅을 살 수 있을지 연구했다. 그들에게는 저축한 돈이 100루불 있어서 망아지 한 마리와 벌꿀 절반을 팔고, 아들을 하인으로 보내고, 동서에게 빚을 내서 겨우겨우 땅값의 절반을 모았다. 돈이 마련되자 빠홈은 작은 숲이 있는 15제사찌나의 땅을 사기 위해 여지주의 집을 찾아갔다. 빠홈은 계약금을 치르고, 읍에서 매매 수속을 마친 후에 땅값의 절반만 주고 나머지 절반은 2년 내에 주기로 했다.

먼저 위 장면을 참고해서 부동산 거래를 하는 롤플레잉을 해 본다(땅매도자, 땅매수자, 부동산 중개인, 제1 금융권 은행 담당자, 제2 금융권 저축은행 담당자, 제3 금융권 사채 담당자). 땅매도자는 몇 평의 땅을 얼마에 팔고 싶은지 정하고, 땅매수자는 월급으로 얼마를 받는지 정하고, 땅값의 절반을 금융권에서 대출을 받는다. 은행과 저축은행, 사채 담당자는 땅값의 절반을 몇 퍼센트 이자율로 대출해 줄지 정한다. 땅 매수자는 1~3 금융권 담당자의 대출 조건을 들어본 후에 원금과 이자를 포함해 얼마 정도씩 갚아나가야 하는지 계산해 본다. 그리고 자신의 월급과 월 상환 대출금 규모를 파악해서 어떤 곳에서 땅값의 절반을 대출 받을지 정한다. 이때 2곳 이상에서 일정 금액씩 나누어 대출을 받을 수도 있다. 부동산 중개인의 안내로 땅주인과 계약을 하면서 계약금 10%, 중도금 40%, 잔금 50%를 언제 지급할지 약속한다. 그리고 부동산 중개 수수료(0.4%~0.9% 사이에서 상호 협의)로 몇 %를 언제까지 줄지 중개사와 정한다.

이제 본문으로 돌아와 빠홈이 얼마에 땅을 샀는지 계산해 본다. 땅주인이 120제사찌나의 땅을 1만루블에 내 놓았고, 빠홈은 15제사찌나의 땅을 사려고 하는데, 현금 100루불을 포함해 땅값의 절반 정도를 갖고 있다. 15제사찌나의 땅값은 얼마고, 빠홈은 얼마를 갖고 있으며, 계약금으로 얼마를 줬고, 계약 후 중도금으로 얼마를 줬으며, 2년 후에 잔금으로 얼마를 줬는지 알아본다. 이렇게 본문의 내용으로 연산을 해보면 훨씬 재미있고 쉽게 수학의 원리를 알 수 있다. 유대인들이 탈무드로 하브루타 하는 원리도 이와 비슷하다.

아이들과 활동을 한 후에는 '소감 나누기'로 느낀 점을 돌아가면서 말하고 나서 마무리를 하는 것이 좋다(유대인의 쉬우르). 끝으로 함께 간식을 먹으면서 유튜브에 있는 'EBS Math 왜 수학을 공부하는가'를 보거나 수학에 대한 동기부여를 할 수 있는 영상을 찾아 보여주면 감동적으로 마무리하면서 또 하고 싶은 마음을 불러일으킬 수 있다.

4교시
동아리 활동 독서토론 하브루타
◆「전설의 춤꾼 최승희」시나리오◆

　최근 학생부 종합전형 등이 확대되면서 학교 내 동아리가 활성화되고 있다. 동아리에서 다양한 체험활동을 할 수 있겠지만 직접 체험에는 한계가 있고 전문성을 갖고 지도해 줄 선생님도 턱없이 부족한 것이 현실이다. 이럴 때 독서 하브루타를 활용하면 구성원들의 다양한 관심사를 반영하여 보다 전문적인 동아리 모임을 할 수 있다. 또한 대학 진학을 목표로 하는 동아리뿐 아니라 같은 관심사를 갖고 있는 친구들이 독서 하브루타를 하면 관심 분야에 대한 폭넓고 깊이 있는 지식을 얻을 수 있어 매우 바람직하다. 초, 중등 때부터 동아리 독서를 하다보면 대학생이 되어서나 일반 성인이 되어서도 꾸준히 자신의 관심분야에 대한 전문성을 키워갈 수 있고 책 읽기를 좋아하게 되는 일석이조의 효과를 거둘 수 있어 적극 추천한다. 〈진로를 위한 독서토론 하브루타〉에 소개한 작품들은 관심 분야별 동아리독서 하브루타로도 활용할 수 있다. 아이들이 한 편의 관심분야 인물의 작품을 읽고 하브루타 독서토론을 하면서 동아리 모임에 도움을 줄 수 있는 동아리독서토론 하브루타 사례를 소개한다.

〈1단계 : 마음 열기〉

동아리 모임 구성원들이 미리 서로 댄서(안무가)와 관련된 퀴즈를 만들어 와서 돌아가며 퀴즈를 내고 풀어본다. 예능 세대의 특성을 감안해서 아이들이 알만한 연예인들이 어떤 가수의 백댄서 출신인지 맞추는 퀴즈 같은 것을 내면 재미있다. 가수들 중에는 백댄서를 거쳐서 가수가 되는 경우가 많기 때문이다.

그룹 서태지와 아이들의 멤버였던 양현석(YG 엔터테인먼트 대표)과 이주노는 가수 박남정의 백댄서였고, 그룹 클론의 멤버였던 구준엽과 강원래는 가수 현진영의 백댄서였으며, 가수 비(정지훈)는 박진영(JYP 엔터테인먼트 대표)의 백댄서였고, 박진영은 김건모의 백댄서였으며, 그룹 코요테의 멤버였던 방송인 김종민은 가수 엄정화의 백댄서였고, 김완선은 가수 인순이의 백댄서였으며, 그룹 동방신기의 유노윤호는 가수 다나의 백댄서였고, 그룹 애프터스쿨의 박가희는 가수 보아의 백댄서였으며, 그룹 슈퍼주니어의 신동은 가수 현숙의 백댄서였고, 그룹 신화의 에릭과 앤디는 그룹 SES의 백댄서였다.

이어서 최승희나 댄서와 관련된 짧은 동영상을 찾아보고 느낌이 어떤지 이야기를 나누도록 한다. 동영상은 유튜브에서 '최승희'로 검색하면 리스트가 뜨는데, 그 중에서 '전설의 세계적인 한국인 무용가 최승희' 4분 동영상이 적당하다.

<h2 style="text-align:center">〈2단계 : 텍스트 낭독하기〉</h2>

무용가로 소개된 최승희의 글을 돌아가며 10분 정도 낭독을 하면서 역할극을 한다. 역할극을 하고 나서 느낌이 어땠는지 돌아가면서 이야기를 나눈다.

<h2 style="text-align:center">〈3단계 : 독서토론 하브루타하기〉</h2>

① 7가지 키워드로 토의식 토론하기

'7키워드를 활용한 토의식 토론'을 진행한다. 집에서 독서토론 하브루타를 꾸준히 하다보면 동아리에서 리더로 이끄는 방법도 자연스레 터득하게 될 것이다. 낭독, 경험, 재미, 궁금, 중요, 메시지, 필사 순서로 7키워드를 모두 진행하고 나서 텍스트의 핵심 질문인 "최승희는 왜 '전설의 세계적인 춤꾼'으로 불릴까요?"에 대해 이야기를 나누고, 자유토론을 이어 나가도록 한다.

② 1:1 찬반 하브루타 하기

1:1 찬반 하브루타'를 진행할 때는 1:1로 짝을 이루게 하고 '정치나 이념, 종교의 성향이 다를 때 가족 한 사람의 의견에 따르는 것은 옳은가?'를 주제로 찬반 하브루타를 시작한다. 먼저, 찬반 토론을 하고, 스위칭으로 반찬 토론을 하며, 체인징으로 다른 사람과 찬반 토론을 하고, 스위칭으로 반찬 토론을 한 후에 4인 1조로 찬성 반대를 벗어나 창의적인 문제해결 방법이 있는지 이야기를 나누고 소감 나누기로 마무리를 하도록 한다.

〈4단계 : 독후활동, 느낀점 나누기, 마무리〉

동아리독서 하브루타 독서토론은 특히 동아리의 특성과 관련된 활동이 반드시 포함되는 게 좋다. '댄스(무용/안무)' 동아리이므로 한 편의 뮤지컬을 만들거나 안무를 짜거나 다양한 활동을 해보면 재미도 있고 아이들의 진로와도 연관되어 진로 탐색에도 큰 도움이 될 것이다. 뮤지컬은 이야기(극본)와 음악, 춤으로 구성되어 있는데, 3가지를 한꺼번에 하려면 어려울 수 있기 때문에 처음에는 노래에 맞춰 춤만 추는 것도 좋을 것이다.

예를 들어 화이트의 〈네모의 꿈〉으로 뮤지컬을 만든다고 했을 때 노래를 듣고 불러보면서 가사의 의미를 충분히 익힌다. 그리고 연출자, 안무가, 의상 제작자, 음향 제작자 등의 역할을 나눈다. 서로 의논하면서 한 구절씩 가사에 맞는 춤 동작을 구상한다. 구상한 내용을 노래에 맞춰서 한 구절씩 연습한다. 나중에는 전체가 하나로 이어질 수 있도록 연결하고, 리허설도 해 본다. 뮤지컬 작품을 완성한 후에는 동영상으로 촬영하거나 UCC로 꾸며도 좋고, 학교 축제때 동아리 발표로 하면 좋고, 명절 때나 가족을 위한 이벤트 행사 때 선보여도 좋다. 활동을 한 후에는 '뮤지컬을 완성해 본 소감 나누기'를 하고 시간이 허락된다면 유튜브에 있는 '3D로 환생한 전설의 무희 최승희'를 보거나 댄서와 관련 된 다양한 영상을 찾아 보고 영상 하브루타로 연결 하면 좋다. 최근에 연기자나 가수, 댄서를 꿈꾸는 청소년들이 폭발적으로 늘어나면서 관련 학원도 인기를 얻고 있다고 한다. 자신의 관심 분야와 관련된 동아리 활동을 지속적으로 하다보면 학원의 도움을 받지 않고도 꿈을 이룰 수 있을 거라 믿는다. 같은 꿈을 가진 아이들끼리 한 데 어울려 롤모델로 삼고 있는 사람의 이야기를 책으로 읽고, 토론도 하고, 안무도 직접 짜 본다면 꿈을 향해 가는 길이 훨씬 즐거울 것이다.

5교시
창의인성을 위한 독서토론 하브루타

◆ 그림 동화책「치킨 마스크」시나리오 ◆

　4차 산업혁명 시대는 창의성과 인성이 주요 화두가 되고 있다. 인성은 물론 창의성을 함양시키는데 독서토론 하브루타는 매우 좋은 방법이다. 그러나 최근에는 책이 중요하다는 생각에 책읽기를 무작정 강요하는 부모들이 있어 어릴 때부터 책을 싫어하게 만드는 경우가 많다. 유대인 부모들은 자녀가 태어나면 아주 어릴 때부터 책에 꿀을 발라 준다고 한다. '책은 달콤한 것'이라는 경험을 안겨 주는 것이다. 많은 책을 억지로 강요하며 읽도록 하기보다 한 권의 책이라도 놀이처럼 재미있게 읽고, 책 내용으로 이야기를 나누며, 책 내용과 관련된 활동을 하면서 평생 책과 친해지도록 하면 어떨까? 유초등생 아이들과 어떤 책으로 어떻게 재미있게 하브루타를 하며 놀 수 있을까? 정답은 없다. 아이가 관심있어 하는 책으로 다양한 놀이를 만들어 책도 읽고 창의성도 개발시킬 수 있도록 노력해보자. 여기서는 그림 동화책으로 유명한 《치킨마스크》 책으로 하브루타를 하는 사례를 소개한다.

⟨1단계 : 마음 열기⟩

본격적인 독서토론 하브루타로 들어가기 전에 게임을 좋아하는 아이들의 특성을 고려해 「치킨 마스크」와 관련된 수수께끼, 넌센스 퀴즈로 놀이하브루타를 먼저 해보면 좋다. 아이들은 하브루타를 한다기 보다 놀이를 하는 것으로 인식해서 더 즐겁게 참여할 것이다. 본론으로 들어가기 전 먼저 아이들과 오늘 읽을 책의 표지 그림만 보여주고 제목 맞추기 십자 말 풀이(유튜브에서 검색)를 해본다. 하브루타 독서토론을 하고 나서 나만의 팝업 북을 만들 거라고 이야기 해주면 기대를 하게 될 것이다.

⟨2단계 : 텍스트 낭독하기⟩

함께 책 내용을 낭독하기 전에 '뇌깨비 영상(낭독의 중요성, 유튜브에서 검색)'을 찾아 보여 준 후 치킨 마스크 본문 내용을 다함께 돌아가며 소리 내어 읽는다. 책을 낭독 하는 것만으로도 엄청난 효과를 거둘 수 있기 때문에 반드시 돌아가며 낭독을 하도록 한다. 우리 몸의 기관 중 눈만 사용하는 묵독과 달리 낭독은 눈, 귀, 입 세 군데 기관을 사용한다. 그래서 대뇌 세포의 70% 이상을 활용하며 기억의 효과는 묵독의 4배 이상이라고 알려져 있다. 게다가 역할극으로 읽으면 시트콤과는 비교 되지 않을 만큼 아이들이 재미있어 한다.

■《치킨 마스크 소개》

치킨 마스크는 자기가 계산도 못하고, 만들기도 못하고, 체육도 씨름도 노래도 못하면서 늘 방해만 되는 자기같은 아이는 없는 게 낫다고 생각하며 운동장 구석으로 간다. 운동장 구석에 여러 가지 마스크가 쌓여 있는 것을 보고 차례대로 써보며 남처럼 행동 해보지만 점점 자기가 정말 되고 싶은 게 어떤 모습인지 혼란스럽다. 그때 작은 꽃들이 늘 자기들에게 물을 주던 마음 예쁜 치킨 마스크가 다른 마스크가 되면 안 된다며 애원하는 소리를 듣고 자신을 돌아본다. 그때, 자기가 사라져서 행복할 거라 생각했던 치킨 마스크에게 친구 마스크들이 다가와 함께 가자고 한다. 그제서야 치킨 마스크는 자신을 되찾는다. 자존감에 대해 돌아보는 아주 좋은 동화다.

〈3단계 : 독서토론 하브루타 하기〉

1. 낭독을 한 후 내용 설명 하브루타로 내용을 잘 이해했는지 알아본다.(이 책은 어떤 내용이야? : 만약 설명을 잘 못하더라도 설명한 자체로 크게 칭찬해 준다. 하브루타 질문 나누기로 내용을 충분히 파악할 수 있게 도와준 후 다시 나중에 다음 과정을 진행하면서 설명해 보게 한다).

2. 마스크들은 어떤 능력을 가졌나요? (퀴즈를 내고 쿠키나 같은 작은 선물을
준다 : 엄마나 아빠가 책 내용에 맞는 활동지를 준비하면 더 좋다).

• 계산을 잘하는 마스크는 누구? → 올빼미
• 만들기 잘하는 마스크는 누구? → 햄스터
• 체육 잘하는 마스크는 누구? → 말
• 씨름 잘하는 마스크는 누구? → 장수풍뎅이
• 노래 잘하는 마스크는 누구? → 개구리
• 기타 : 네모 안에 각 마스크가 잘하는 것이 무엇이었는지 자유롭게 채
  워보기

3. 해달마스크/토끼마스크/양 마스크/곰 마스크/호랑이 마스크는 각자
어떤 능력을 가졌나요?

4. 치킨 마스크는 어떤 능력을 가졌나요? (아이들에게 직접 치킨 마스크의
장점이 무엇인지 찾아보게 한다.)

5. 책 내용을 잘 이해했는지 마스크들을 소개해 달라고 한다.

6. 다음으로 내가 생각하는 나의 능력을 장점 단어에서 골라(내가 생각하
는 나의 능력 쓰기) 팝업 '엄지 척' 모양 그림에 쓰고, 책 내용에 나오는 것
처럼 내 마스크에도 이름을 붙여본다. 이름에 걸맞은 모습으로 팝업(마
스크) 모양으로 완성해서 팝업 북으로 붙이도록 한다. 팝업북은 인터넷
쇼핑몰에서 DIY-무지 8면 북을 구입하거나 도화지를 8면 북으로 만들
고 컬러 종이에 엄지척 모양, 둥근 전구 모양을 만들어 나의 능력을 쓰고
모양을 오린 후 색칠해서 붙일 수 있도록 단순 한 것으로 준비한다(미술

시간이 아니니 최대한 단순하게), 퀴즈 활동지 등을 안에 붙인다.

7. 엄마(아빠)는 아이가 만든 슈퍼 ○○○마스크에게 어떤 능력을 더해주고 싶은지 생각해서 능력을 선물하도록 한다. - 선물상자 모양 그림에 더해주고 싶은 능력을 써서 활동지에 붙이기
"슈퍼 ○○○마스크야! 엄마(아빠)가 ○○○ 능력을 선물할게~"라는 말을 하면서 붙여주면 더욱 의미가 있다.

8. 표지 제목을 지어 본다. 앞 표지에 자기 마스크에 알맞은 그림을 그리고 예쁘게 색을 칠해 완성한 다음 지은이, 출판사를 정한다. 그 다음 뒤 표지도 작은 그림을 그려 넣거나 글씨를 써서 완성 한다. 바코드를 그려 넣고 책 값도 정해본다. 이 책의 특징 한마디(예 : 세상에서 가장 따뜻한 그림책)를 적어 넣으면 자신만의 예쁜 팝업 북이 완성된다.

9. 완성 된 나의 슈퍼 마스크 팝업 북을 가족에게 소개하고 활동을 해본 느낌 나누기로 마무리한다.

오늘부터
하브루타!

강의 후 마무리를 하며 항상 '오림'에 대해 이야기하곤 한다. 오림이란 '림'자로 끝나는 끌림과 떨림, 울림, 드림, 강림 등 다섯 단어를 뜻한다.

첫째, 뭔가를 시작하려면 동기부여가 될 수 있는 '끌림'이 있어야 한다. 서점이나 도서관에서 이 책을 선택했다면 분명 끌림이 있었을 것이다.

둘째, 좀더 오랫동안 동기부여가 되려면 '떨림'이 있어야 한다. 이 책의 목차와 머리말을 보면서 기대와 설렘으로 인한 떨림이 있었길 바란다.

셋째, 동기부여가 행동으로 이어지려면 '울림'이 있어야 한다. 이 책에 소개된 게임과 놀이를 활용한 일상 하브루타, 다매체 하브루타, 다주제 하브루타 등을 보면서 한 번 해볼 수 있겠다는 생각이 들었을 것이다.

넷째, 행동이 습관으로 이어지려면 '드림'이 있어야 한다. 이 책에서 추천한 다양한 콘텐츠로 하브루타를 지속하다 보면 변화에 성공할 수 있을 거란 꿈과 목표가 생기게 될 것이다.

다섯째, 열정적으로 몰입하려면 '강림'이 있어야 한다. '열심히 노력하는 사람은 즐기는 사람을 이길 수 없고, 즐기는 사람도 미친 사람을 이길 수 없다.'는 말이 있다. 뭔가에 미친 듯이 몰입하려면 그 분이 오신 것 같은 강한 믿음과 확신이 있어야 한다.

21세기 4차 산업혁명 시대의 지식정보 창조사회에서 리더가 될 인재를 양성하려면 창의적 문제해결력과 새로운 가치창출능력을 키워야 한다. 이를 위해 현재의 '주입식, 암기식, 수동적, 획일화'로 상징되는 교육 방식에서 벗어나 '토론식, 참여식, 능동적, 개별화' 교육을 해야 한다는 목소리가 커지고 있다.

하브루타 교육을 하면서 짧은 시간에 학부모와 학생, 교사들의 모습이 바뀌는 것을 보며 한국 교육의 희망을 발견하곤 한다. "할 수 있다는 자신감이 생겼어요.", "내일 당장 적용해 볼래요.", "이렇게 쉽게 할 수 있는 걸 왜 여태 몰랐는지 안타깝네요." 등 소감을 말할 때면 어딘가에서 홀연히 나타난 귀인을 만난 것처럼 환한 미소를 짓는다.

한 사람이 우주를 바꿀 수 있다고 한다. 이 책을 읽은 부모가 아이와 하브루타를 하고, 가족이 참여하고, 교실에서, 교회에서, 동아리실에서 하브루타를 하게 된다면 재미있고 즐겁게 공부하면서 원하는 성과도 낼 수 있는 '행복한 교육'이 실현될 수 있을 거라 믿는다. 하브루타는 원하는 사람 모두를 변화시킬 수 있는 태양같은 에너지가 있다. 그저 해바라기처럼 하브루타에 방향을 맞추기만 하면 된다. 참 쉽지 않은가?

"하브루타는 BEST(Basic, Easy, Small, Today)다. 기초부터, 쉬운 것부터, 작은 것부터, 오늘부터!"

KET 코리아에듀테인먼트
⟨ZINBOOK(진북) 하브루타⟩ 프로그램 안내

- **미션** : 우리는 사명을 복원하여 행복한 차이로 세상을 선도한다."
- **비전** : "재미있고 즐거운 교육을 통해 대한민국의 행복지수를 높이는 데 기여한다."
- **개요** : KET 코리아에듀테인먼트의 ⟨ZINBOOK 하브루타⟩ 프로그램은 10년 동안의 독서학습법 연구를 바탕으로 개발된 '한국형 하브루타'로써 진로교육과 인성교육을 위해 최적화되어 있습니다. 종합적인 독서교육을 통해 독해력과 이해력, 사고력과 표현력을 향상시키고, 올바른 독서 태도와 습관을 형성하도록 도우며, 7키워드를 활용한 토의식 토론과 1:1 찬반 토론을 통해 말하기, 듣기, 읽기, 쓰기 등 기본적인 의사소통 능력과 리더십, 자존감을 향상시키고, 진로와 인성 관련 텍스트를 읽고 토론하는 과정을 통해 올바른 진로 설정과 인성 함양을 기대할 수 있습니다. 전국 400개 이상의 초중고대 학교와 교육청, 공공기관 등에서 교사와 학부모, 학생들에게 최고의 인기 프로그램으로 각광을 받고 있습니다.

- **특징** :

1. 질문과 대화가 익숙하지 않은 한국인의 정서와 문화에 잘 맞는 '한국형 하브루타' 방식이고, 3가지 학습자 유형(시각적 이성형, 청각적 감성형, 운동감각

적 행동형)을 모두 만족시킬 수 있으며, 기억과 학습의 원리에 따라 자연스럽게 5번 반복을 통해 학습 효과도 향상시킬 수 있다는 특징이 있습니다. 무엇보다도 쉽고 간단하면서도 재미있고 즐거우며, 알차고 유익하기 때문에 '1석 3조'의 이상의 효과를 기대할 수 있습니다.

2. 최근 교육계의 화두로 떠오르고 있는 중학교 자유학기제의 2016년 전면 실시, 2015 문이과 통합형 교육과정에 따른 토의토론식 수업 확대, 2015년 7월 21일 시행된 '인성교육진흥법'에 따른 인성교육 인증제, 2015년 12월 23일 시행된 '진로교육법'에 따른 진로교육 집중학년·학기제 등에 꼭 맞는 최적의 프로그램입니다.

3. 진로 설정의 3가지 핵심 요소인 '성격과 흥미, 적성'을 바탕으로 에니어그램 9가지 성격유형, 홀랜드 6가지 흥미유형, 다중지능 8가지 적성 유형을 종합적으로 고려한 후에 각 유형에 적합한 직업과 롤모델의 이야기가 담긴 텍스트를 함께 읽고, 토론을 통해 해당 직업과 인물에 대해 자세히 알아보며, 진로 활동을 하면서 직업에 대한 올바른 가치관을 형성하도록 돕습니다.

4. 독서토론 과정 자체가 정직, 성실, 책임, 용기, 배려, 공감, 소통, 나눔, 긍정, 자율, 절제 등의 인성 요소로 되어 있어서 2013년에 교사동아리 '아고라북(회장 양미현)'이 교육부 선정 인성교육 우수 동아리 상을 수상하여 이미 인성교육 우수 프로그램임이 증명되었고, 최근 각 중학교 진로부장과 상담부장 선생님들이 앞다투어 선택하고 있는 최고의 프로그램입니다 (현재 KET가 양성한 하브루타 독서코칭 전문강사들이 활발히 활동 중).

"ZINBOOK(진북)이란 진짜독서(zinbook, 진북)를 통해 진정한 북극성(true north, 진북/사명)을 찾자는 의미를 담고 있으며, '하브루타(havruta)'란 짝을 지어 질문하고 대화하고 토론을 통해 배우는 최고의 공부법입니다. KET는 유대인들의 우수성과 창조성의 비밀로 알려져 온 '하브루타'를 토의식 독서 토론과 1:1 찬반 토론 방식에 적용해서 한국인의 정서와 문화에 맞는 탁월한 프로그램을 운영하고 있습니다."

코리아에듀테인먼트

| http://www.zinbook.co.kr | Tel. 070-4064-8503 |